机器人科创教育丛书

本书系广东省教育研究院 STEM 教育专项研究重点课题「基于 STEM 的机器人校本课程开发研究」(立项编号：GDJY-2020-S-a009) 之研究成果

零基础学机器人编程

主编 何斌

SPM 南方传媒
全国优秀出版社
全国百佳图书出版单位
广东教育出版社
·广州·

图书在版编目（CIP）数据

零基础学机器人编程 / 何斌主编 .— 广州 ：广东
教育出版社，2022.2
（机器人科创教育丛书）
ISBN 978-7-5548-4782-4

Ⅰ．①零… Ⅱ．①何… Ⅲ．①机器人—程序设
计—少儿读物 Ⅳ．①TP242-49

中国版本图书馆CIP数据核字（2022）第000509号

出 版 人：朱文清
责任编辑：李杰静
责任技编：吴华莲
装帧设计：邓君豪

零基础学机器人编程
LING JICHU XUE JIQIREN BIANCHENG

广东教育出版社出版发行
（广州市环市东路472号12—15楼）
邮政编码：510075
网址：http://www.gjs.cn
佛山市浩文彩色印刷有限公司印刷
（佛山市南海区狮山科技工业园A区）
787毫米×1092毫米 16开本 7.25印张 145 000字
2022年2月第1版 2022年2月第1次印刷
ISBN 978-7-5548-4782-4
定价：58.00元

质量监督电话：020-87613102 邮箱：gjs-quality@nfcb.com.cn
购书咨询电话：020-87615809

丛书编委会名单

主　　编：何　斌

副 主 编：李杰静　　钟志锋

编　　委：陈靖宇　　邹青松　　曹　远

　　　　　吴泽铭　　赖甲坎　　张旭良

前言

小朋友们，你们好！欢迎来到机器人编程的世界。

提起机器人，小朋友们想到的是什么呢？是电影中的变形金刚，还是餐厅里的送餐机器人，抑或是击败人类职业围棋选手的阿尔法狗（围棋人工智能程序）？其实，随着科技的不断进步，机器人已经随处可见了。机器人的种类有很多，它对我们来说既熟悉又陌生。熟悉的是，机器人已经是我们生活中很常见的工具了，如扫地机器人、机械臂等；陌生的是，我们不了解机器人是如何思考并行动的。未来的社会中，机器人必不可少，且将发挥更大的作用。它可以去危险的地方执行任务，保护人类，也可以为人类解决生活中的小问题，等等。

机器人那么重要，小朋友们是不是想更深入地了解它呢？比如了解机器人是由什么构成的，怎样制作一个机器人，机器人是如何思考并行动的，等等。也许，我们自己动手搭建一个机器人，并对机器人编程让其动起来会是更有趣、更有效的学习方式了。而《零基础学机器人编程》就是这样一本既可以指导我们搭建机器人，也可以指导我们编写程序，让机器人动起来的书。

那我们该如何跟随这本书走进机器人的世界呢？

首先，我们将通过前面三章的学习了解什么是机器人，知道机器人的基本构造和功能，如：机器人的外形要用硬件来搭建，机器人的"大脑"要靠编程来实现，编程的指令要通过传感器和电机传达给硬件，以及认识编程的基本技巧和方法，等等。

接下来，在第四章到第八章中，我们需要动手搭建五个具体的、有趣的、可爱的机器人，包括会思考的小车、自动道闸、智能篮球架、智能分拣机和智能机器人，并在搭建的过程中掌握积木搭建的方法和技巧，学习多种科学知识。在每一个机器人搭建完成之后，我们还需要动脑，给机器人编写具体的程序，让机器人可以完成一个个具体的任务。而书中详细的搭建步骤和程序讲解过程可以帮助我们快速完成一项项具体的任务。当然，我们还可以充分发挥自己的创造力，利用积木搭建和程序编写，制作出可以完成各项任务的属于我们自己的独特的机器人。

小朋友们，在跟随书本学习的过程中，我们除了可以学到积木搭建技巧、机器人和编程的相关知识外，还可以提升自己的专注力、观察力和动手能力，培养自己的思维逻辑能力、空间想象能力和创造能力等多种关键能力。这些能力对我们未来的发展是至关重要的。

小朋友们，带着你的好奇心，创造属于自己的编程机器人吧！

目 录

第一章

走进机器人世界 / 1

1.1 什么是机器人 / 1

1.2 身边的机器人 / 4

第二章

机器人的组成 / 9

2.1 机器人的基本组成 / 9

2.2 机器人的"大脑"——控制系统 / 12

2.3 机器人的"心脏"——驱动器 / 13

2.4 机器人的"感官"——传感器 / 14

2.5 机器人的"躯干"——机械结构 / 15

2.6 机器人的"灵魂"——程序 / 20

第三章

编程小试牛刀 / 22

3.1 什么是图形化编程 / 22

3.2 软件的下载与使用 / 23

3.3 编程区域功能介绍 / 26

3.4 编程的基本操作 / 27

3.5 编程小试牛刀 / 29

3.6 编程的基本流程 / 31

第四章

会思考的小车 / 35

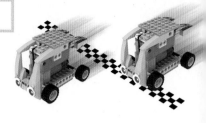

4.1 积木搭建 / 37

4.2 让小车跑起来 / 41

4.3 小车赛跑 / 44

4.4 小车待命 / 48

4.5 小车自动刹车 / 52

第五章

自动道闸 / 56

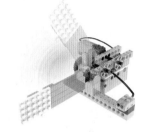

5.1 积木搭建 / 58

5.2 道闸自动打开 / 62

第六章

智能篮球架 / 67

6.1 积木搭建 / 69

6.2 自动计分 / 72

第七章

智能分拣机 / 77

7.1 积木搭建 / 79

7.2 自动分拣 / 83

第八章

智能机器人 / 88

8.1 积木搭建 / 90

8.2 巡逻好帮手 / 97

8.3 巡线小能手 / 102

第一章
走进机器人世界

1.1 什么是机器人

　　一提到机器人，我们的第一印象可能是动画片、电影、科幻小说中出现的机器人或者玩具机器人，它们都是有鼻子、眼睛、手和脚，类似于人类的一种机器。例如，《机器人总动员》里呆萌的瓦力、《超能陆战队》里可爱的大白、《变形金刚》里顽皮的大黄蜂、《星球大战》里机智的 R2-D2……

瓦力

大白

大黄蜂

R2-D2

其实，机器人并不一定要像人类。回忆一下，我们见过的机器人中，是否有一些很像人类，有一些却没有鼻子、眼睛、手和脚，根本就不像人类？这些外形五花八门的机器都被称作机器人，是因为它们是自动执行工作任务的机器装置，既可以接受人类指挥，也可以运行预先编译好的程序完成一系列复杂的操作。

日本机器人 ASIMO

农业机器人

小朋友们，你们见过哪些机器人，它们分别有什么功能呢？

科技在发展进步，机器人也一直在发展和创新，新的外形、新的功能、新的领域也在不断涌现，因此机器人一直没有一个统一的定义。其中，国际标准化组织（ISO）对机器人做了一个较为全面的定义：

（1）机器人的动作结构具有类似于人或其他生物体的某些器官（肢体、感受等）的功能。

（2）机器人具有通用性，工作种类多样，动作程序灵活易变。

（3）机器人具有不同程度的智能性，如记忆、感知、推理、决策、学习等。

（4）机器人具有独立性，完整的机器人系统在工作中可以不依赖于人的干预。

中国科学家对机器人的定义：机器人是一种具有高度灵活性的自动化机器，所不同的是，这种机器具备一些与人或生物相似的智能能力，如感知能力、规划能力、动作能力和协同能力等。

上述定义有利于我们对机器人进行归类划分，也让我们清楚什么是机器人以及机器人的基本能力，并能够对"机器"和"机器人"进行有效区分。

小朋友们，你们能说出机器和机器人的区别吗？

涨知识

阿西莫夫的"机器人三大定律"

1942 年，作家阿西莫夫在科幻小说《我，机器人》中的一篇短篇小说《环舞》中首次提出了"机器人三大定律"：

第一定律：机器人不得伤害人类，或看到人类受到伤害而袖手旁观。

第二定律：机器人必须服从人类的命令，除非这条命令与第一条相矛盾。

第三定律：机器人必须保护自己，除非这种保护与以上两条定律相矛盾。

三大定律在科幻小说中大放光彩，一些其他作家的科幻小说中的机器人也遵守这三大定律。

1.2　身边的机器人

　　我们的身边涌现出各式各样的机器人，然而在许多小朋友的心目中，机器人的形象似乎还停留在动画片或科幻电影的某个角色里。机器人真有那么神秘吗？它到底是什么样子的呢？它与我们的生活又有哪些联系？现在，让我们一起来了解一下身边的机器人吧！

1. 工业机器人

　　工业机器人是面向工业领域的多关节机械手或多自由度的机器装置，它可以接受人类指挥，也可以按照预先编排的程序运行，现代工业机器人还可以借助人工智能技术完成更多难度大、强度大、复杂度高的工作。

　　工业机器人被广泛应用于电子、物流、化工等各个工业领域之中，用来替代人类完成数量大、重复性强、质量要求高的工作。例如，机械臂机器人已在工业装配、安全防爆等领域得到广泛应用，完成自动化生产线中的焊接、喷漆、切割、电子装配等工作；自动分拣机器人能够快速准确地完成包裹的扫码、称重、分拣等工作。

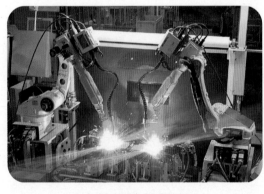
自动焊接机器人

自动分拣机器人

2. 医用机器人

医用机器人是指用于医院、诊所的医疗或辅助医疗的机器人，按照其用途不同，分为临床医疗机器人、护理机器人和医用教学机器人等。新冠肺炎疫情之下，有效阻断"人传人"的传播链条是关键。于是，机器人承接了消毒清洁、送药送餐、诊疗辅助等"一线工作"。

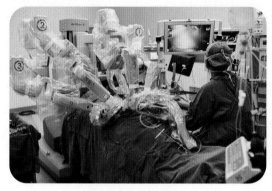

智能手术机器人

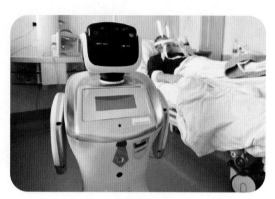

机器人护工

3. 服务机器人

服务机器人是一种半自主或全自主工作的机器人，它能完成有益于人类健康的服务工作，但不包括从事生产的设备。服务机器人的应用范围很广，主要从事维护保养、修理、运输、清洗、保安、救援、监护等工作。

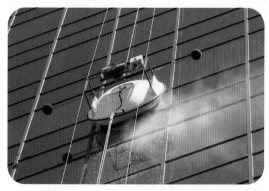

高楼清洁机器人

水下搜救机器人

4. 军事机器人

军事机器人是一种用于军事领域的具有某种仿人功能的自动装置，从物资运输到搜寻勘探以及实战进攻，它的使用范围广泛。随着机器人研究的不断深入，高智能、多功能、反应快、灵活性好、效率高的机器人群体将逐步代替某些军人的战斗岗位，它将会为军事科学带来一场新的革命。

 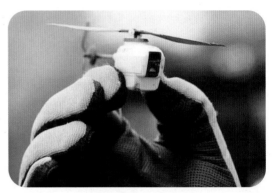

排爆机器人　　　　　　　　　　　军用微型无人机

5. 教育机器人

教育机器人是专为学生进行人工智能、信息技术、通用技术等学习活动时设计开发的机器人成品、套装或散件。教育机器人操作简单、安全，同时也方便小朋友进行发明创造。

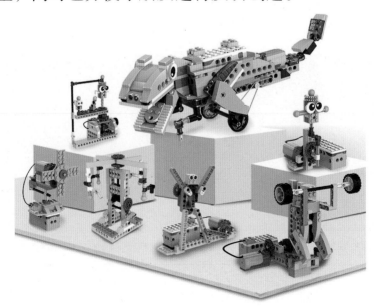

途道教育机器人套装

6. 虚拟机器人

随着人工智能应用的深入，虚拟机器人已被广泛使用于生活的方方面面。虚拟机器人和我们的关系是如此密切，以至于我们感觉不到它天天陪伴在身边。有了虚拟机器人，用户可以在一个会话式的界面上发送和接收信息，虚拟机器人可以理解并回答人类的问题。

相较于机械式的机器人，虚拟机器人有更加亲和的外观，以及更好的使用体验。例如，新近涌现的全息投影虚拟机器人，配备了人像捕捉、动作捕捉、语音获取、声音播报等技术，能够主动与人开启对话。同时它能够根据提问及场景的需求，依靠强大的知识库与对话人进行智能且专业的交互，成为家庭娱乐的新宠。

人机对话

全息投影虚拟机器人

小朋友们，看完上面的介绍，你们更喜欢哪一种机器人呢？你们还认识哪些机器人呢？

？思考

请小朋友们展开想象，尝试按照下面的思路设计一个自己的机器人。

（1）这个机器人用来解决什么问题？

（2）这个机器人具有什么功能？

（3）它需要感知什么信息？

（4）如何利用这些信息实现新机器人的功能？

学习收获

请小朋友们盘点一下自己在本章的学习收获，完成以下学习评价表。

学习收获	完成度
能说出机器和机器人的区别	☆☆☆☆☆
了解身边的机器人及其应用	☆☆☆☆☆
其他收获：	
自我评价：	

第二章
机器人的组成

2.1　机器人的基本组成

　　机器人是典型的机电一体化产品，一般由机械结构、控制系统、驱动器、传感器、电路系统、电力单元和程序等组成。我们可以把机器人比作一个人，然后通过人体结构来认识机器人的基本组成。

1. 机械结构——躯干

　　在万物众生中，人类的身体结构堪称完美：整个躯干比例匀称、结构巧妙，有生动的面孔和灵活的四肢。大多数机器人都有一个可以移动的机器主体。有些拥有的只是机动化的轮子，而有些则拥有大量可移动的部件，这些部件一般是由金属或塑料制成的。与人体骨骼类似，这些独立的部件是用关节连接起来的。

2. 控制系统——大脑

　　人的大脑支配人的一切生命动力，机器人和人一样需要有"大脑"来控制机器人的动作，而机器人的控制系统就是它的"大脑"。机器人的控制系统负责收集周围环境的信息，并根据收集到的环境情况向执行机构发出命令，驱动机器人完成各种指令动作。

3. 驱动器——心脏

　　人的心脏推动血液流动，是血液运输的动力器官。驱动器是机器人的动力系统，相当于人的"心脏"，一般由驱动装置和传动机构两部分组成。

4. 传感器——感官

人的感官有很多，眼睛、耳朵、皮肤等，眼观六路、耳听八方。感官是用来接收外界信息的，传感器是机器人的感测系统，相当于人的感觉器官。正如人有很多感觉器官，机器人也有很多种传感器。

5. 电路系统——神经系统

神经系统是人的体内起主导作用的功能调节系统，主要负责调节和控制其他各系统的功能活动。而机器人中起着神经系统作用的是电路系统，其可以将机器人各部分联系在一起，使机器人成为一个完整的统一体。

6. 电力单元——能量

人的能量从食物中获取，我们需要吃东西汲取足够的营养来维持正常生活。机器人也是如此，唯有足够的能量才能驱动它们运作，它们需要的能量就是电，也就是电力单元。

同时我们需要知道，机器人能听从人的指挥，是因为有一个人与机器人沟通的软件编程平台，软件编程平台可以把人的指令翻译成机器人能听懂的"语言"。所以，机器人总体是由硬件和软件构成。

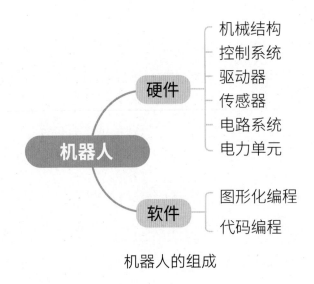

机器人的组成

请小朋友们根据前面介绍的内容，试比较人类活动与机器人活动的过程，填写下面的表格。

活动过程	人类用到的器官	机器人用到的部件	体现哪种智能（感知、思维、行动）
发现前面有障碍物			
思考要做什么			
避开和绕过障碍物			

2.2 机器人的"大脑"——控制系统

控制系统是机器人的指挥中枢,相当于人的大脑,最主要的任务是控制机器人,包括机器人的运动轨迹、运动位置、完成工作时所需的步骤及顺序,有时还要确定机器人完成工作所需要花费的时间等。下图为途道教育机器人套装的控制系统,也称主控。

1. 主控

① 电源开关
② 电机暂停
③ 电机接口-1
④ 电机接口-2
⑤ 距离传感器接口-1
⑥ 距离传感器接口-2

⑦ 电机正转
⑧ 电机反转
⑨ LED-1
⑩ LED-2

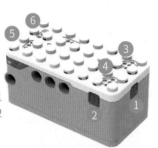

2. 主控模式

● **APP控制配对模式**
按下电源键后马上松开,将持续闪烁绿灯,此时进入APP控制配对模式。

● **执行机器人内置程序模式**
长按电源键几秒然后松开,机器人将自动执行内置的程序。

3. 安装电池

① 推开电池盖

② 放入2节5号电池(1~5 V)

③ 盖上电池盖

2.3 机器人的"心脏"——驱动器

驱动器是机器人的"心脏",相当于人的心血管系统,一般由电机、皮带、机械手等组成。驱动器可将电能、液压能和气压能转化为机器人的动力,让机器人在控制系统的命令下,完成前进、后退等动作。驱动器的存在,使得机器人各个独立的部分相互配合。在教育机器人中,驱动器又被称为电机。

1. 电机正传、反转

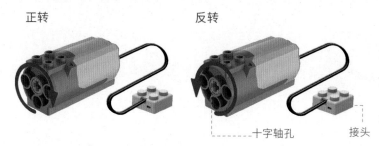

正转　　　　　反转

十字轴孔　　　接头

2. 连接主控

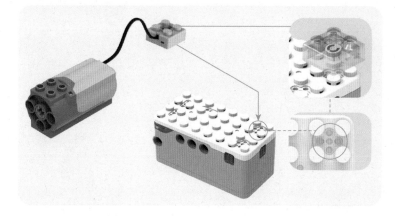

3. 电机使用

① 打开开关　　② 短按正转　　短按反转　　③ 短按暂停

2.4 机器人的"感官"——传感器

传感器是机器人的感测系统，相当于人的感觉器官，是机器人系统的重要组成部分。机器人通过传感器监测环境，获取信息，再根据外界环境做出相应的反应。常用的传感器有人体红外距离传感器，红外循迹传感器和超声波传感器等。途道教育机器人套装配备了一个红外距离传感器，可用于测传感器与物体的距离、物体颜色的深浅，下图为它的介绍和使用说明。

1. 红外距离传感器

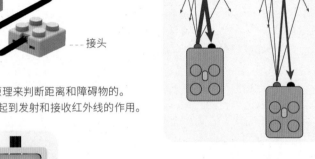

测远近

红外距离传感器是利用红外光的原理来判断距离和障碍物的。
传感器里面有两个"小眼睛"，分别起到发射和接收红外线的作用。

左接头　　右接头

2. 连接主控方法

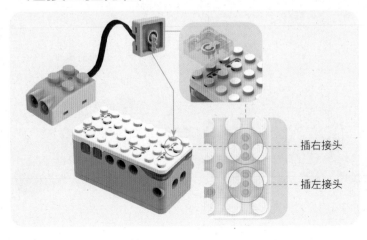

插右接头

插左接头

除了红外距离传感器，你还知道哪些传感器，它们是怎么使用的？

2.5 机器人的"躯干"——机械结构

　　机械结构是机器人的躯干部分，相当于人的骨骼，用于实现各种动作。本书选用的教育机器人套装是学习机器人编程的理想平台，可以让我们像搭积木一样自由拆卸和组合。

　　套件结构零件分为板（薄片）、轴、销、连接件、齿轮、砖（梁）、臂、滑轮、轮胎、拆件器等，可以实现多种玩法。

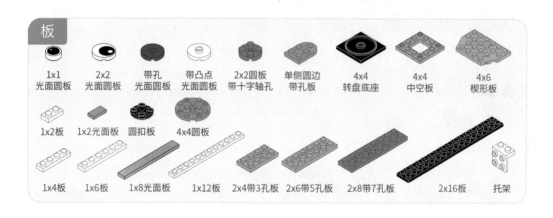

板

| 1x1 | 2x2 | 带孔 | 带凸点 | 2x2圆板 | 单侧圆边 | 4x4 | 4x4 | 4x6 |
| 光面圆板 | 光面圆板 | 光面圆板 | 光面圆板 | 带十字轴孔 | 带孔板 | 转盘底座 | 中空板 | 楔形板 |

1x2板　1x2光面板　圆扣板　4x4圆板　　1x4板　1x6板　1x8光面板　1x12板　2x4带3孔板　2x6带5孔板　2x8带7孔板　2x16板　托架

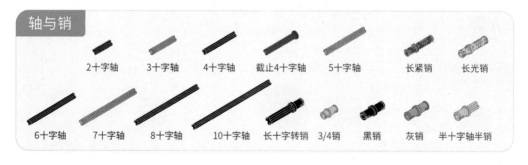

轴与销

2十字轴　3十字轴　4十字轴　截止4十字轴　5十字轴　长紧销　长光销

6十字轴　7十字轴　8十字轴　10十字轴　长十字转销　3/4销　黑销　灰销　半十字轴半销

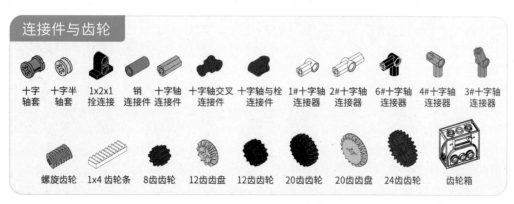

连接件与齿轮

十字　十字半　1x2x1　销　十字轴　十字轴交叉　十字轴与栓　1#十字轴　2#十字轴　6#十字轴　4#十字轴　3#十字轴
轴套　轴套　拴连接　连接件　连接件　连接件　连接件　连接器　连接器　连接器　连接器　连接器

螺旋齿轮　1x4齿轮条　8齿齿轮　12齿齿盘　12齿齿轮　20齿齿轮　20齿齿盘　24齿齿轮　齿轮箱

砖

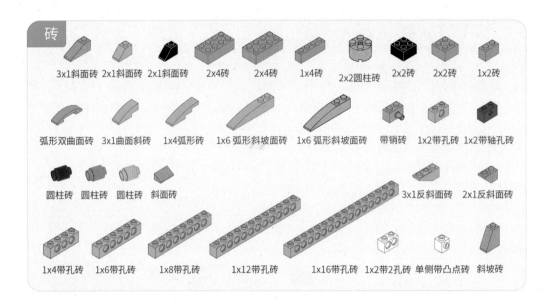

3x1斜面砖　2x1斜面砖　2x1斜面砖　2x4砖　2x4砖　1x4砖　2x2圆柱砖　2x2砖　2x2砖　1x2砖

弧形双曲面砖　3x1曲面斜砖　1x4弧形砖　1x6弧形斜坡面砖　1x6弧形斜面砖　带销砖　1x2带孔砖　1x2带轴孔砖

圆柱砖　圆柱砖　圆柱砖　斜面砖　　　　　　　　　3x1反斜面砖　2x1反斜面砖

1x4带孔砖　1x6带孔砖　1x8带孔砖　1x12带孔砖　1x16带孔砖　1x2带2孔砖　单侧带凸点砖　斜坡砖

臂

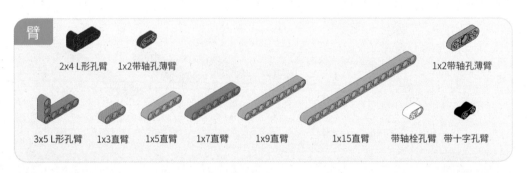

2x4 L形孔臂　1x2带轴孔薄臂　　　　　　　　　　　　　　　　　1x2带轴孔薄臂

3x5 L形孔臂　1x3直臂　1x5直臂　1x7直臂　1x9直臂　1x15直臂　带轴栓孔臂　带十字孔臂

其他配件

滑轮　薄轮胎　轮毂　轮胎　大轮胎　摇杆底座　摇杆手柄　线轮　拆件器　收纳袋

圆粒1x1　转向球　单侧带球接头　双侧带球接头　带球接头座　橡皮筋　橡皮筋　橡皮筋　绳子

1. 机器人结构件基础知识

（1）单位尺寸。

1 单位尺寸 =8 mm，我们称之为 1 单位。

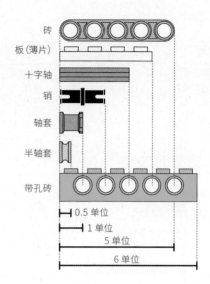

（2）砖的高度及汉堡包结构。

①砖和板的高度：

板的高度 =0.4 单位尺寸 =3.2 mm，

砖的高度 =1.2 单位尺寸 =9.6 mm，

1 层砖的高度 =3 层板的高度。

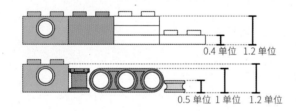

②汉堡包结构：

两层砖加两层板的高度是 3.2 单位，孔间距是 2 个单位，简化记忆为 2 厚 +2 薄（2 板一定要放在中间）。

两层砖孔间距 1.2 单位 + 板 0.4 单位 + 板 0.4 单位 =2 单位。

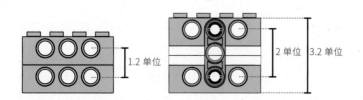

（3）销的长度。

1.5 单位	2 单位	2 单位	2 单位	3 单位	3 单位
半销(光销)销	光轴销	黑销	灰销(光销)	长紧销	长光销
一部分与0.5单位零件配合使用	销部分与孔洞摩擦力小容易转动	与孔洞摩擦力大适合固定用	与孔洞摩擦力小容易转动	长销与孔洞摩擦力大	与孔洞摩擦力小容易转动

（4）轴的长度。

2 (1x2)=2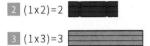

3 (1x3)=3

4 (1x4)=4

5 (1x5)=5

6 (1x6)=6

7 (1x7)=7

8 (1x8)=8

10 (1x10)=10

（5）板的长度。

1x2 　　　1x6

1x4 　　　1x12

2. 注意事项

砖块牢固

规划好连接步骤,把所有砖块牢固接好,一点小缝隙也可能会阻碍成套动作。

轴要松动

轴是物体旋转的保证,确保不要让任何东西阻挡它,当它被阻挡或卡住时不要继续转动。

灵活应变

每个造型的零件清单的零件数量不是绝对的,小朋友可以灵活替换,如8轴可以用10轴替换,并且造型的拼装步骤也不是绝对的,小朋友也可以用自己的方法搭建出同一个形状。

要有耐心

执行搭建前,一定要认真阅读每个步骤,确保严格按照本书图示执行。失败了没关系,再接再厉。

3. 使用技巧

（1）互锁。

单层组装　　　　　　　单层很容易脱落　　　　　上下两层互锁增加牢固性

（2）两点确定一条直线。

只有一个销连接,可以转动　　　　　用2个或2个以上的销连接可以固定住形状

4. 拆装技巧

拆件器的作用是利用杠杆原理拆除零件，使用方便，拆卸迅速。

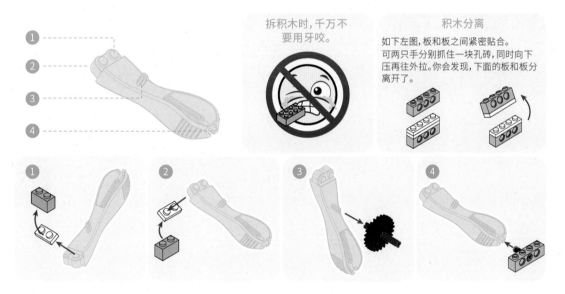

拆积木时,千万不要用牙咬。

积木分离

如下左图,板和板之间紧密贴合。可两只手分别抓住一块孔砖,同时向下压再往外拉。你会发现,下面的板和板分离开了。

除了积木结构，你还见过哪种结构的机器人，它们有什么优缺点？

2.6 机器人的"灵魂"——程序

　　机器人为什么可以工作，可以执行任务？最重要的原因是它拥有一套特定的、预先编写好的程序存储在控制系统当中，相当于给机器人注入了"灵魂"。一般来说，控制系统在得到相应的指令之后，程序就会运行起来，机器人会根据程序中的具体内容，按部就班地完成相应的动作，执行所需要完成的工作。一个具有良好执行力与稳定性的机器人，它一定有着一套比较完备的程序。下一章我们会详细介绍机器人编程的知识。

做一做

　　请小朋友们查阅资料，了解机器人编程有哪些平台，它们各有什么优缺点和共同点，并填写下面的表格。

平台名称	优点	缺点	共同点

　　如果能获得机器人的一项能力，你希望是什么？

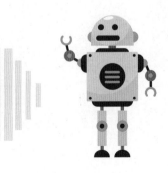

学习收获

　　请小朋友们盘点一下自己在本章的学习收获，完成以下学习评价表。

学习收获	完成度
理解机器人的基本组成	☆☆☆☆☆
掌握主控的使用	☆☆☆☆☆
掌握电机的使用	☆☆☆☆☆
掌握传感器的使用	☆☆☆☆☆
了解机器人的积木结构	☆☆☆☆☆
了解机器人编程	☆☆☆☆☆
其他收获：	
自我评价：	

第三章
编程小试牛刀

3.1 什么是图形化编程

1. 图形化编程

图形化编程采用了简易图形化、可视化的编程方式。在学习的过程中，我们可以通过鼠标拖曳实现程序的编写。同时它也是积木式的编程，我们可以像搭积木一样轻松完成一个个动画、游戏的设计。图形化编程简单、易读、易上手，是入门学习编程的最佳选择。

2. 图形化编程软件

机器人为什么可以工作，可以执行任务？是因为有一个人与机器人沟通的编程平台，以及在平台上编写好一套特定的程序存储在控制系统中。当需要机器人工作的时候，启动相应的程序即可完成操作。"Tudao 机器人"是为了让小朋友们更好地掌握机器人编程，结合了美国麻省理工学院的 Scratch 3.0 而专门开发的一款图形化编程教学 APP（电脑端相对应的软件为 TDprogram，功能相仿），如下页图所示。

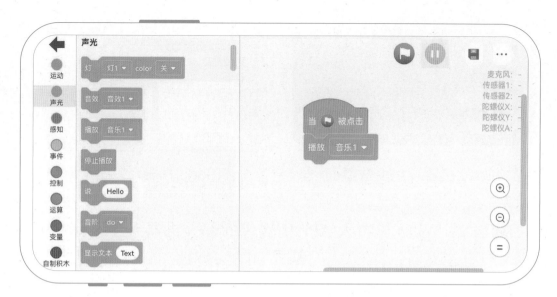

Tudao 机器人 APP 编程界面

　　它将程序语言设计成一块块的积木程序模块，它不需要写代码，只需要拖动相应的积木程序模块，按照我们的思路堆叠起来，就可以让机器人执行相应的任务。

3.2 软件的下载与使用

1. 下载并安装软件

　　在手机应用商场搜索"Tudao 机器人"（图标如右图所示）或扫二维码，下载并安装软件。本书同时提供了另一款图形化编程软件"机器人轻松学"APP，其界面和功能与"Tudao 机器人"APP 相同，但其包含更多机器人作品和内容，可供用户自行选择。

Tudao 机器人　　　Tudao 机器人 APP
APP 图标　　　　下载二维码

机器人轻松学　　机器人轻松学 APP
APP 图标　　　　下载二维码

2. 进入机器人编程界面

　　方法 1: 进入 APP，选择"我的创作"，点击"编程"，进入编程界面，如下页图所示。

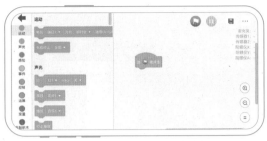

Tudao 机器人 APP 主界面　　　　　Tudao 机器人编程界面

方法 2：Tudao 机器人 APP 中提供的部分机器人含有官方推荐程序，打开主界面后，在"入门编程"中选择对应的机器人，单击"编程"按钮，在弹出的界面中选择"官方"或者"我的创作"进入编程界面对机器人进行编程。

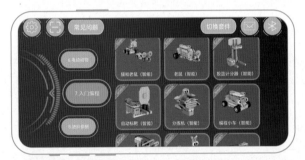

选择已有官方编程的机器人

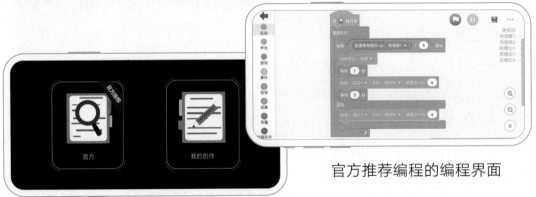

官方推荐编程的编程界面

3. 用蓝牙连接主控

进入 Tudao 机器人界面后，我们需要利用蓝牙将手机与主控进行连接，这样才能利用手机控制机器人。

打开手机蓝牙，短按主控开关键，使其闪烁绿光。点击主界面右上角蓝牙图标后,将手机靠近主控,并等待连接。当连接成功时,界面将显示"连接成功!"。具体步骤如下所示。

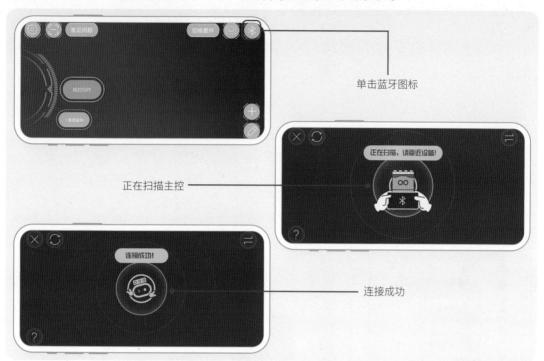

单击蓝牙图标

正在扫描主控

连接成功

机器人轻松学 APP 是 Tudao 机器人 APP 的另一个软件版本,其功能、编程界面和操作方法相同,但其 APP 主界面的呈现方式不同,且比 Tudao 机器人 APP 多了"课程"和"学编程"两个模块,为用户提供了更多的内容和服务,如下图所示。

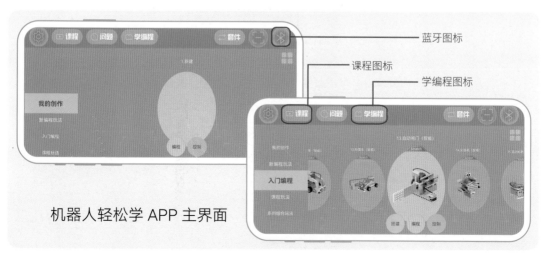

蓝牙图标

课程图标

学编程图标

机器人轻松学 APP 主界面

3.3 编程区域功能介绍

编程界面主要分为模块区、程序编辑区、菜单区、数据区和视图区。

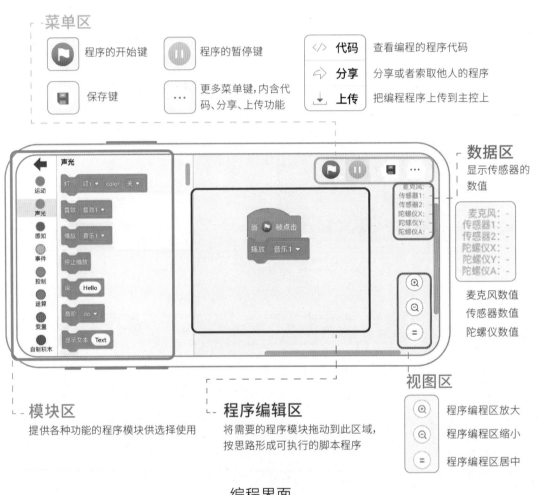

编程界面

在模块区中，共有运动、声光、感知、事件、控制、运算、变量和自制积木 8 个模块类，每个模块类以不同颜色区分，这样我们就能更快地找到所需的模块类了。

3.4 编程的基本操作

1. 添加并移动模块

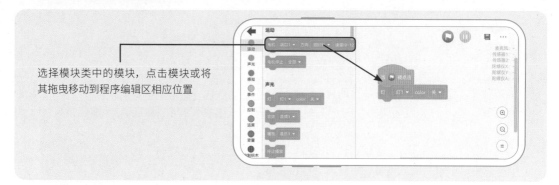

选择模块类中的模块，点击模块或将
其拖曳移动到程序编辑区相应位置

2. 删除和复制模块

长按模块，在显示下拉
菜单中选择复制，即可
复制模块

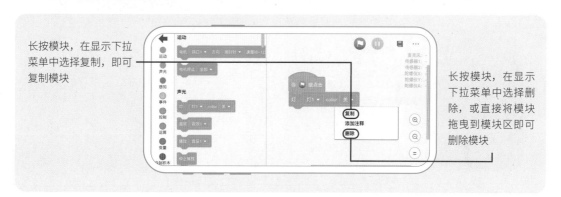

长按模块，在显示
下拉菜单中选择删
除，或直接将模块
拖曳到模块区即可
删除模块

3. 开始和结束程序

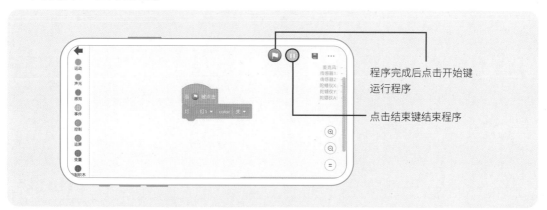

程序完成后点击开始键
运行程序

点击结束键结束程序

4. 保存程序

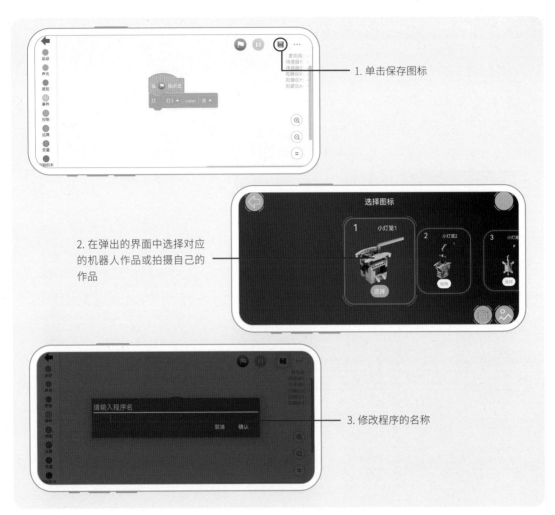

1. 单击保存图标

2. 在弹出的界面中选择对应的机器人作品或拍摄自己的作品

3. 修改程序的名称

5. 上传程序

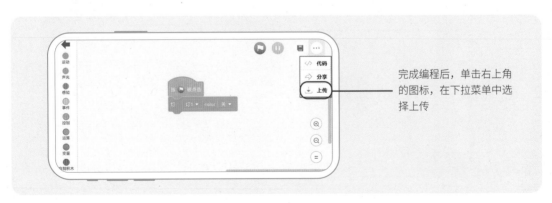

完成编程后，单击右上角的图标，在下拉菜单中选择上传

3.5 编程小试牛刀

1. 播放音乐

进入编程界面后，利用声光模块类中的"播放音乐"模块播放音乐，操作如下图所示。

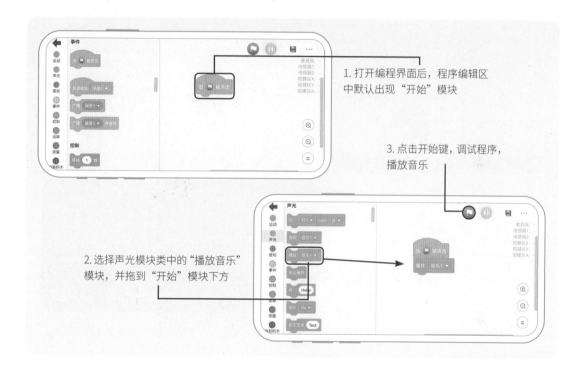

1. 打开编程界面后，程序编辑区中默认出现"开始"模块

3. 点击开始键，调试程序，播放音乐

2. 选择声光模块类中的"播放音乐"模块，并拖到"开始"模块下方

2. 切换音乐

播放音乐模块提供了多种音乐供选择。我们可以在模块的下拉菜单中选择需要切换的音乐。

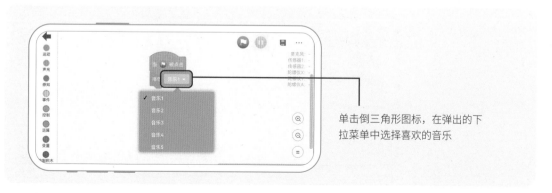

单击倒三角形图标，在弹出的下拉菜单中选择喜欢的音乐

3. 显示文本

利用声光模块类中的"显示文本"模块显示需要显示的文字，具体操作如下图所示。

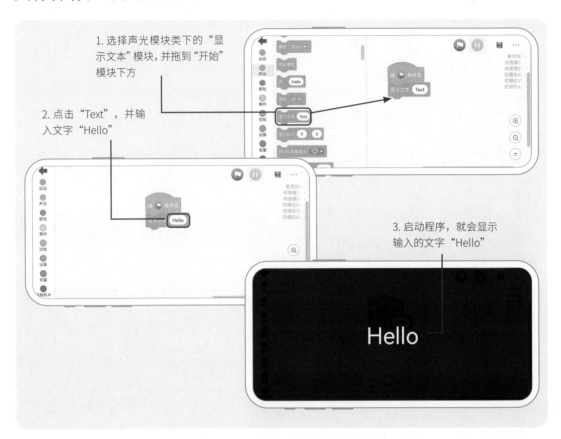

4. 播读文字

除了将文字显示出来，我们还可以将文字读出来，具体操作如下图所示。

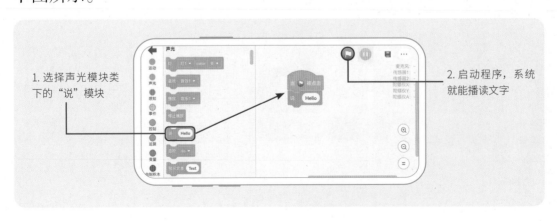

3.6 编程的基本流程

现实生活中，无论我们做什么事情，都会有思路、过程和步骤，对于机器人来说也是一样。流程图可用于呈现完成一件事的思路或步骤。在流程图中，不同的形状符号代表不同的意义。

形状符号	代表意义	形状符号	代表意义
	开始、结束		进程
	判断		输入、输出

下面我们以小明同学买跑步鞋进行锻炼为案例，介绍流程图的使用方法。

案例一：顺序结构流程图

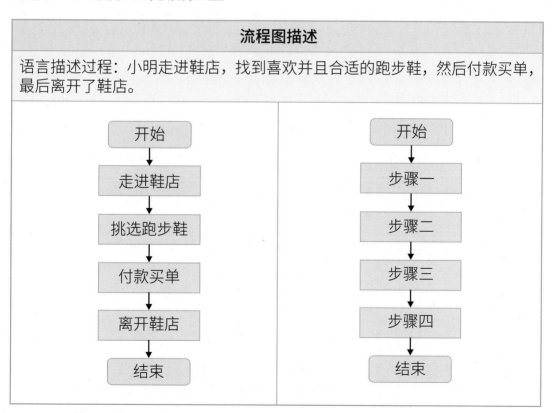

流程图描述
语言描述过程：小明走进鞋店，找到喜欢并且合适的跑步鞋，然后付款买单，最后离开了鞋店。

案例二：选择结构流程图

流程图描述
语言描述过程：小明希望通过每天跑步来锻炼身体，首先观察天气情况，如果下雨就在室内跑步，如果不下雨就在室外跑步。

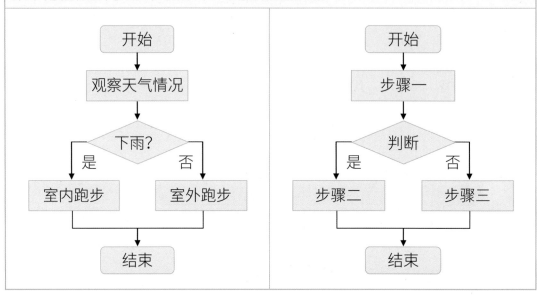

案例三：循环结构流程图

流程图描述
语言描述过程：小明今天的运动目标是绕操场跑 10 圈，每跑完 1 圈会数一下是否已经达标，如果完成则运动结束，如果没有就再跑 1 圈。

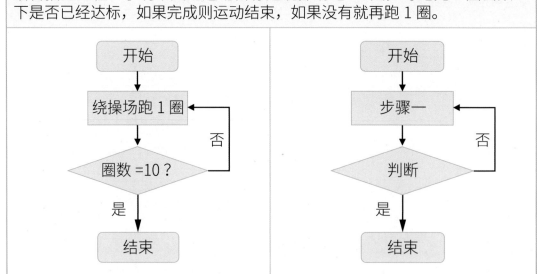

在流程图中,顺序结构、选择结构、循环结构是三个常用的结构。机器人完成任务的方式与上述流程图相同,并且在完成一些复杂的指令时需要结合三种流程图结构同时使用。

小朋友们,你们能否模仿上述案例,用流程图来描述自己扫地的过程?

小朋友们,学习过上述案例后,你们能否编写一个首先输入两个数字,然后显示和播读两个数字相加的结果,最后自动播放音乐的程序?

最后,我们总结一下编写程序的简单步骤:首先从模块区中找到相应的模块,然后长按该模块拖入程序编辑区,并通过插入、复制、修改等操作将所选择的模块按照正确的逻辑方式连接起来,并依据要求设置参数,最终形成一段程序,点击程序的开始键就可以启动程序并看到最终效果。

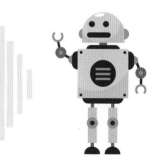

科技会不断进步发展,小朋友们是否想过,未来的机器人可以通过什么方式进行控制呢?

 学习收获

请小朋友们盘点一下自己在本章的学习收获，完成以下学习评价表。

学习收获	完成度
认识 图形化编程	☆☆☆☆☆
了解图形化编程的方法	☆☆☆☆☆
掌握流程图的顺序结构、选择结构、循环结构	☆☆☆☆☆
会自己绘制解决一个问题的流程图	☆☆☆☆☆
会打开已有的机器人程序	☆☆☆☆☆
会自己编写简单的程序并运行	☆☆☆☆☆
其他收获：	
自我评价：	

第四章
会思考的小车

学习目标

❶ 能够利用积木搭建会思考的小车。

❷ 理解电机转动方向的区别，会设置小车前进、后退。

❸ 能够设置电机的运行速度，并懂得让电机停止。

❹ 学会使用灯光、声音、显示文本等相关模块。

❺ 学会使用判断语句、大小比较、重复、停止等相关模块。

❻ 学会使用红外距离传感器。

情境导入

当今时代，汽车变得越来越智能。在计算机、传感技术、通信、人工智能及自动控制等技术的支持下，智能汽车可以根据路况自动前进、加速和减速，可以通过语音控制启动和停止，还可以自行判断路障自动停车。自动驾驶提高了汽车的安全性、舒适性，具有良好的人车交互体验。

本章我们将搭建一辆会思考的小车，并通过给小车设置程序，使其完成一系列任务，如：能够自己驾驶，并在行驶一段时间后又能自动停下来；能够亮灯并播放音乐；能用声音控制小车前进和停止；能够在遇到障碍物时，自动刹车停止前进；等等。

展示作品

主控

电机

传感器

4.1 积木搭建

小朋友，跟着下面的拼搭步骤，把会思考的小车拼出来吧！

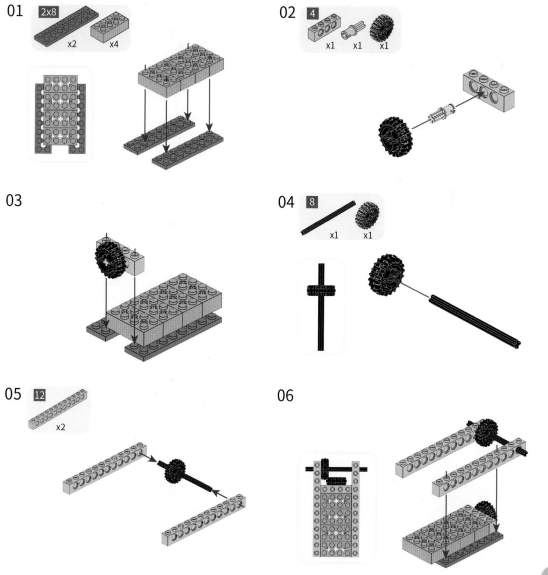

01   2x8 x2 x4

02   4 x1 x1 x1

03

04   8 x1 x1

05   12 x2

06

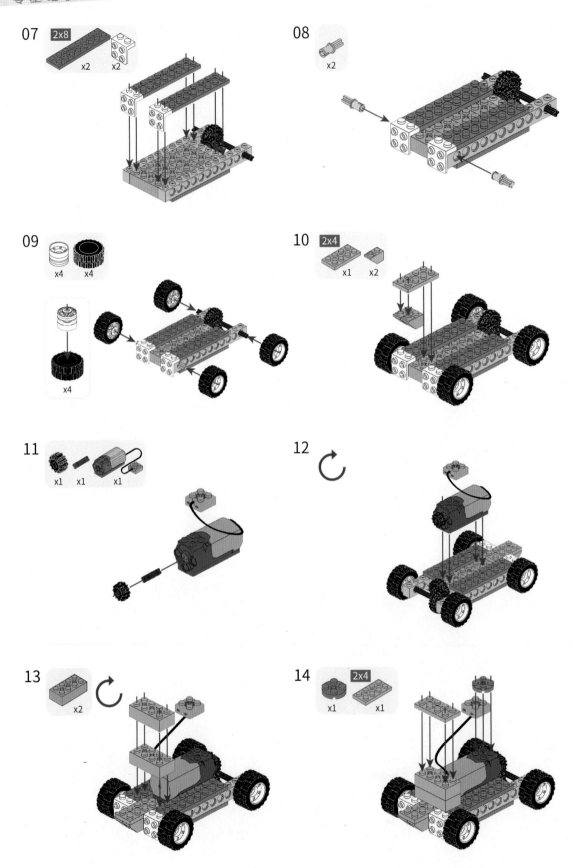

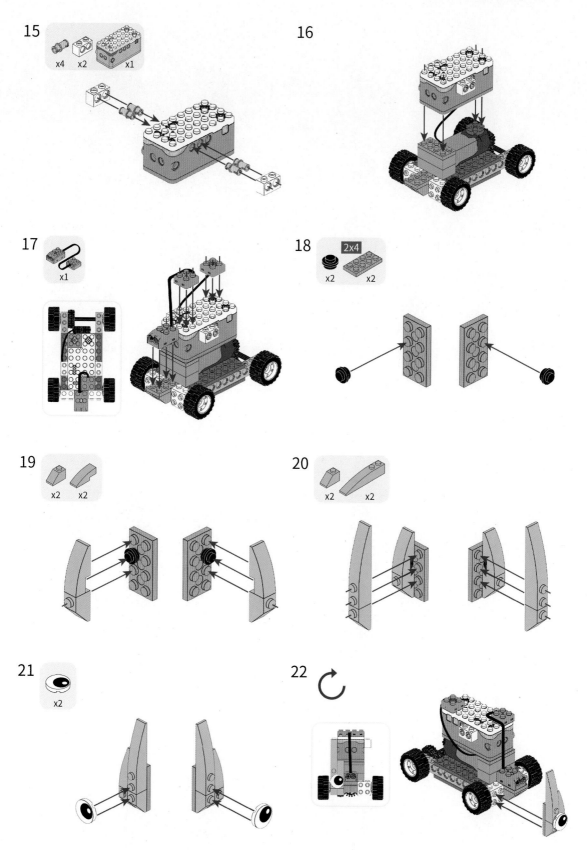

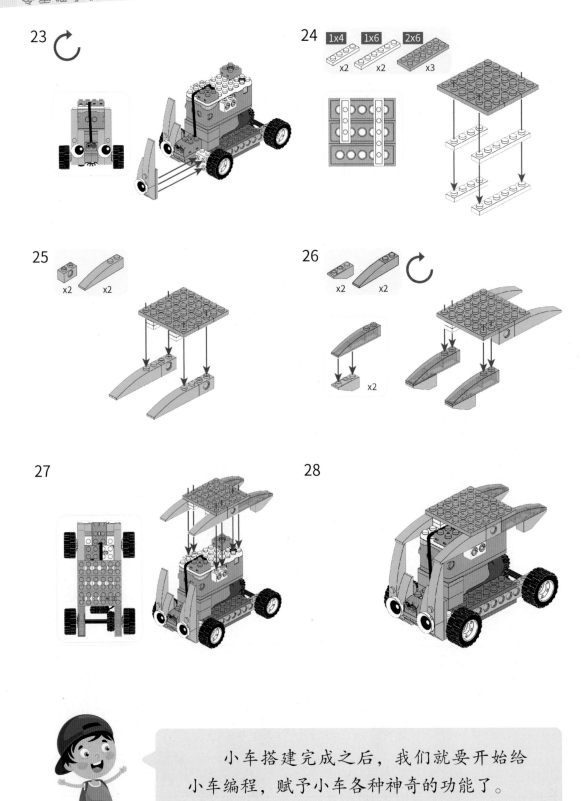

小车搭建完成之后，我们就要开始给小车编程，赋予小车各种神奇的功能了。

让我们一起来编程，实现当程序启动后，小车可以前进、后退、跑起来吧！

✿认识新模块

新模块名称	新模块图标	功能
开始模块	当 🚩 被点击	启动、开始程序
电机驱动模块	电机 端口1 ▼ 方向 顺时针 ▼ 速度(0~12) 6	用于设置电机的端口、旋转方向和速度
等待模块	等待 1 秒	等待时长
电机停止模块	电机停止 全部 ▼	停止电机运转

✿程序流程图

开始 → 启动前进 → 行驶一段时间 → 停止

⚙编程实现

1. 小车前进

小车需要动起来，所以需要控制电机。我们需要用到模块区中的电机驱动模块驱动小车前进，具体操作如下图所示。

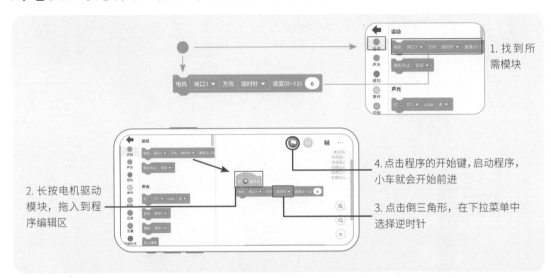

选择模块、拖曳模块和启动程序的操作方法一样，因此我们可以将小车前进的编程操作简化为如下图所示。

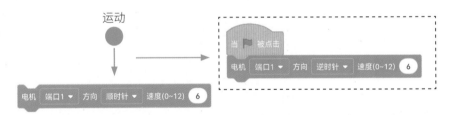

在每个程序开始之前，一般需要先添加开始模块，这是一个编程的好习惯！

小朋友们试一试，可否让小车动起来。

设置了小车前进后，小车会一直走但不会停下，我们该怎么让小车停下来呢？

2. 小车停止

要让小车停止前进，需要用到电机停止模块。但我们必须要先确定小车运动多久后再停止的时间，这就需要先用到等待模块了。

（1）给小车增加等待的时间。

（2）让小车运动了等待的时间后再停止。

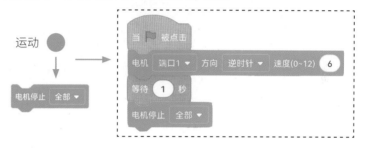

 小车是前进还是后退跟电机旋转的方向与安装的方式有关。

小朋友们试一试，可否让小车停下来。

✿拓展思考

如果要让小车后退，该怎么办呢？我们可否同样让小车在后退一段时间后也自行停下来呢？如果我们想让小车前进一段时间后再后退，然后再前进，又该怎么办呢？

💥 创意比拼

与小朋友们比一比，看谁的小车能最快动起来，而且能够前进和后退吧！

4.3 小车赛跑

让我们一起来编程，实现当程序启动时，APP 界面依次显示数字"3""2""1"，然后小车亮起蓝色的灯光；当灯光结束后，小车开始前进几秒后停下来，并响起美妙的音乐。

✿ 认识新模块

新模块名称	新模块图标	功能
显示文本模块	显示文本 Text	用于显示文本
灯模块	灯 灯1 ▼ color 关 ▼	用于设置灯光的开关、颜色
播放音乐模块	播放 音乐1 ▼	用于播放音乐
停止播放模块	停止播放	用于停止播放音乐

✿ 程序流程图

开始 → 显示数字3、2、1 → 亮蓝灯 → 前进 4 秒 → 停下来 → 响起音乐 → 结束

⚙编程实现

1.倒计时

要显示"3""2""1"的倒计时效果，不仅需要用到时间间隔的等待模块，还要用到显示文本模块。我们将时间间隔的等待时间设置为 1 秒，具体操作如下图所示。

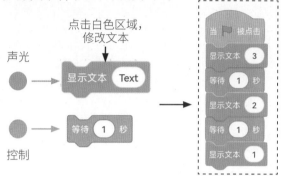

2.灯亮起来

小车需要全部亮蓝灯，则需要用到灯模块，而且需要将灯模块的参数全部修改为蓝色，具体操作如下图所示。

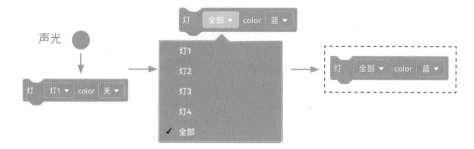

3.小车前进

小车在亮灯后前进,并在前进 4 秒后停止,具体操作如下图所示。

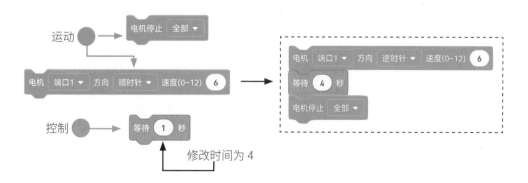

4. 音乐响起

小车停止前进后播放音乐,需要用到播放音乐模块。音乐在播放 4 秒后暂停,需要用到等待模块和停止播放模块,具体操作如下图所示。

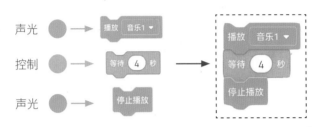

5. 完整程序

将各个模块的程序段拼接到一起,最后得到的完整程序如下图所示。

✿实现效果

小朋友们试一试，可否让车亮灯、前进、播放音乐。

✿拓展思考

如何让小车在播放音乐的同时，灯光颜色也出现变化?

创意比拼

与小朋友们比一比，看谁的小车在正确显示倒计时、亮起蓝灯的情况下，跑得最快。

4.4 小车待命

让我们一起来编程，实现小车时刻待命，并在听到我们的声音后前进吧！具体实现：当我们发出出发的声音指令时，小车先依次亮起不同颜色的灯，然后向前行驶；当我们发出停止的声音指令时，小车马上停止。

✿认识新模块

新模块名称	新模块图标	功能
等待条件模块	等待	用于等待某一条件成立
比较大小模块	○ < 50	用于比较数值大小
麦克风模块	麦克风(0~10)	用于监测麦克风所接收到的量的大小

✿程序流程图

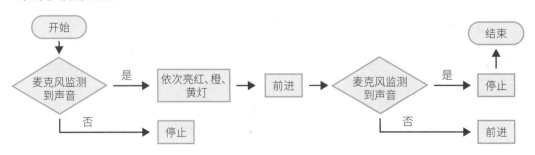

⚙编程实现

1. 监测音量，待命出发

为了实现利用声音控制小车，需要用到麦克风模块和比较大小模块。麦克风模块可以监测声音的音量大小，比较大小模块可以根据音量的大小做出判断。具体操作如下图所示。

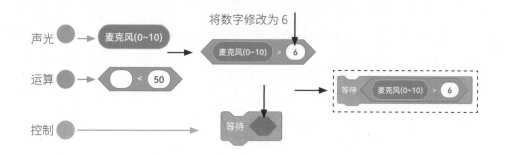

2. 亮起不同颜色的灯

小车在监测到音量后，依次亮红、橙、黄灯，具体操作如下图所示。

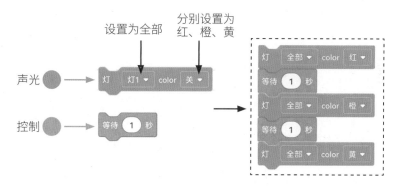

3. 前进过程中监测音量，待命停止

小车依次亮完灯光后，启动前进。小车前进过程中，若监测到我们发出的声音，则立刻停止前行，具体操作如下图所示。

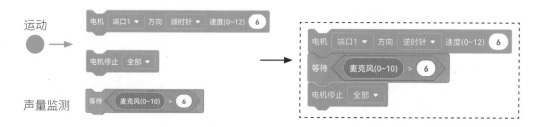

4.完整程序

将各个模块的程序拼接到一起，最后得到的完整程序如下图所示。

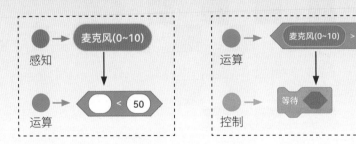

涨知识

1. 比较大小模块中有个椭圆形的位置可以放入各种传感器模块。
2. 等待模块中有一个六边形的位置可以放入比较大小模块。

✿实现效果

小朋友们，试一试编写的程序可否利用声音实现小车前进和停止。

✿拓展思考

如何修改程序，实现当小车停止并再次听到指令后直接后退呢？

创意比拼

与小朋友们比一比，看谁的小车在正确依次亮起不同颜色的灯的情况下，跑得最快。

让我们一起来编程，实现当小车遇到障碍物时，能够自动刹车停止前进。

⚙认识新模块

新模块名称	新模块图标	功能
距离传感器模块	距离传感器(0~6) 传感器1 ▼	用于监测和记录传感器与物体的距离
如果……那么……否则模块	如果 那么 否则	"如果"条件成立，则执行"那么"之后的语句，"如果"条件不成立，则直接执行"否则"之后的语句
重复执行模块	重复执行	重复执行框内的语句

⚙程序流程图

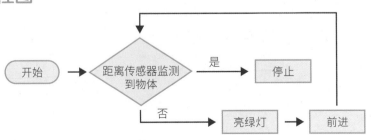

编程实现

1. 小车监测障碍物

小车避障，需要时刻监测前方是否有障碍物。监测障碍物需要用到距离传感器模块和比较大小模块。当监测到的物体离小车的距离小于设定的数值时，可以判定有障碍物的存在，小车需要立刻停止，具体操作如下图所示。

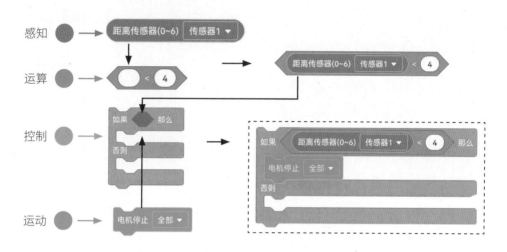

2. 小车亮灯前进

若没有监测到障碍物，小车亮起全部绿灯前进，这需要利用到灯模块和电机驱动模块，并设置灯模块为全部绿色等，具体操作如下图所示。

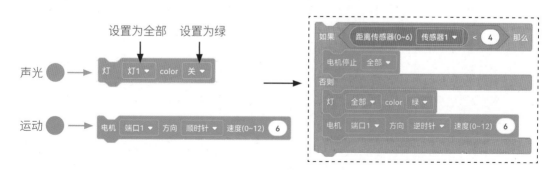

3. 小车重复监测障碍物

小车在前行的过程中，需要不断监测是否存在障碍物，这就需要用到重复执行模块，具体操作如下图所示。

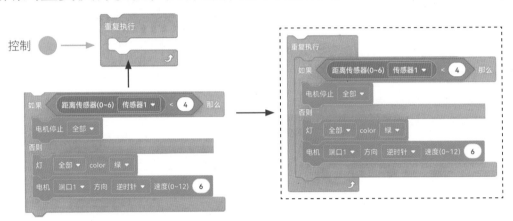

4. 完整程序

加上开始模块后，最后得到的完整程序如下图所示。

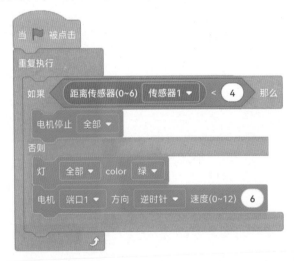

涨知识

利用如果……那么……否则模块进行编程，当"如果"后面的判断成立时，则执行"那么"之后的程序；当"如果"后面的判断不成立时，则跳过"那么"之后的程序，直接执行"否则"之后的程序。

✿实现效果

小朋友们，试一试可否让小车在遇到障碍物后自动刹车。

✿拓展思考

如果我们希望小车在遇到障碍物之后，直接后退而不是停止，该怎么修改程序呢？

★ 学习收获

请小朋友们盘点一下自己在本章中的学习收获，完成以下学习评价表。

学习收获	完成度
能搭建会思考的小车	☆☆☆☆☆
可以让电机转动方向、停止	☆☆☆☆☆
可以让小车亮灯并播放音乐	☆☆☆☆☆
可以通过声音控制小车前进和停止	☆☆☆☆☆
可以让小车识别障碍物并自动刹车	☆☆☆☆☆
其他收获：	
自我评价：	

第五章
自动道闸

学习目标

❶ 搭建自动道闸机器人。

❷ 复习电机驱动和电机停止等模块。

❸ 能编程使道闸实现感应到汽车时就自动打开闸门的功能。

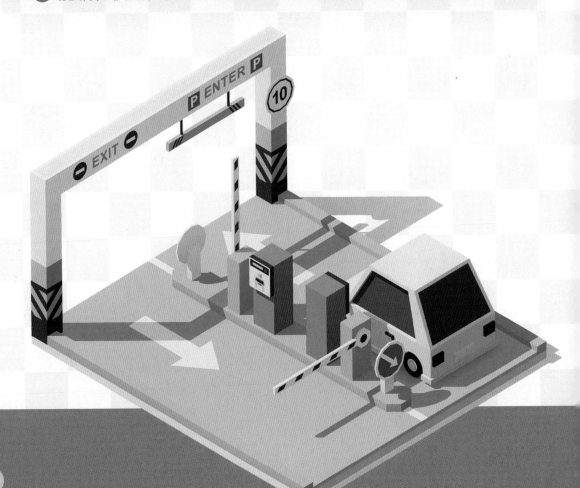

情境导入

在我们身边有这样一种设施：当一辆小汽车开到某小区的大门口时，那扇拦着不让陌生人出入的闸门便会自动升起来；当小汽车经过后，闸门又会自动降下来，这就是自动道闸。在日常生活中，高速公路收费站、停车场出入口、小区大门等地方都会有这种自动闸门，用来管理车辆的出入。

本章我们将搭建一个自动道闸机器人，通过编写程序，实现当一辆小车来到道闸前面停下来，过了一会儿道闸自动打开；当小车经过后，道闸又会自动降下来的功能。

展示作品

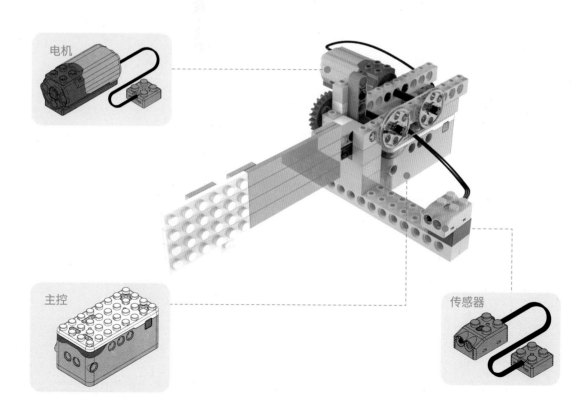

电机

主控

传感器

5.1 积木搭建

小朋友，跟着下面的拼搭步骤，把自动道闸拼出来吧！

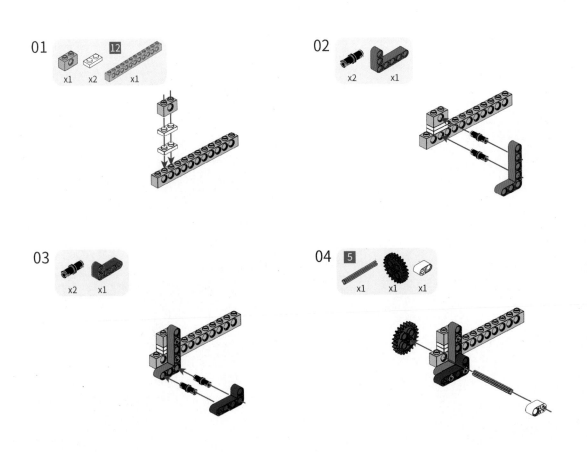

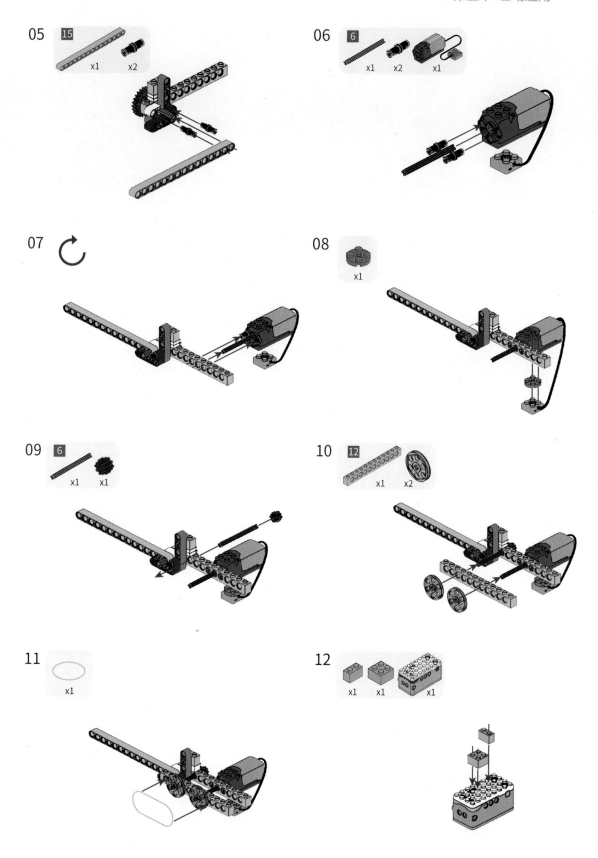

05

15 x1 x2

06

6 x1 x2 x1

07

08

x1

09

6 x1 x1

10

12 x1 x2

11

x1

12

x1 x1 x1

13

x1 x1

14

x1 x1

15

16

x2 16 x2

17

x2 x1

18

19

20

1x6 2x4

x4 x1 x4

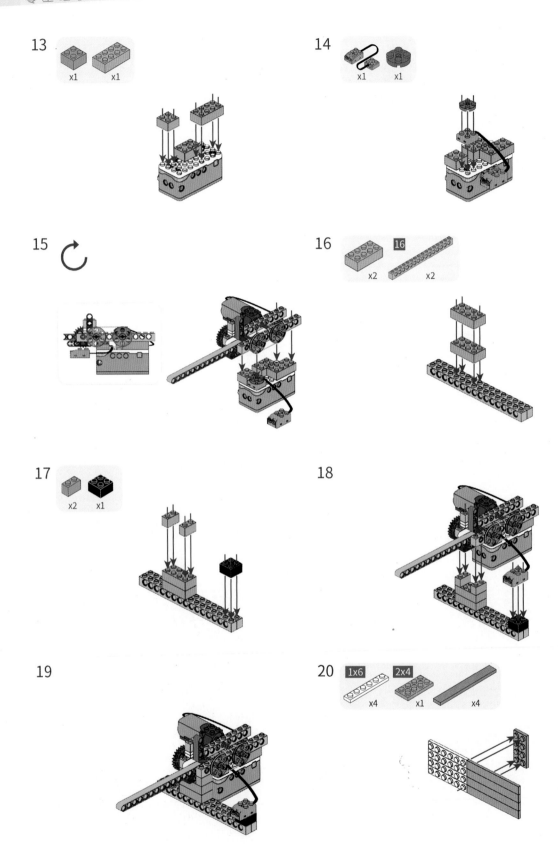

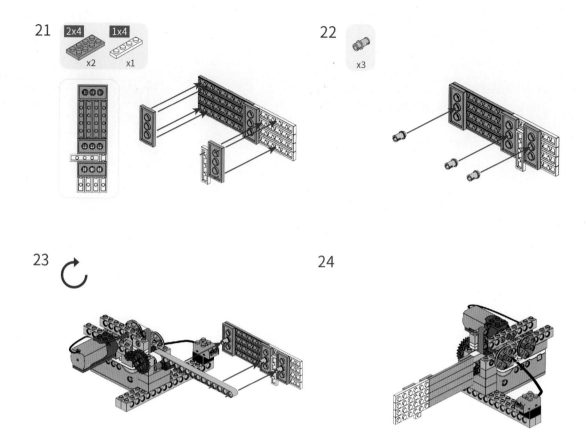

21　2x4　1x4　x2　x1

22　x3

23

24

自动道闸搭建完成之后，我们就要开始给道闸编程，赋予道闸更多的功能，帮助小车快速安全通过了。

5.2 道闸自动打开

让我们一起来编程，实现当程序启动后，若小车来到道闸前时，道闸自动打开，并在几秒之后自动落闸。

程序流程图

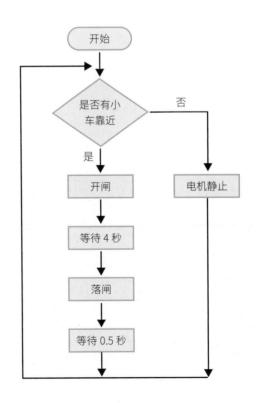

⚙编程实现

1.监测是否有小车靠近

道闸监测是否有小车靠近，主要利用的是红外距离传感器，即利用红外距离传感器监测是否有障碍物，具体操作如下图所示。

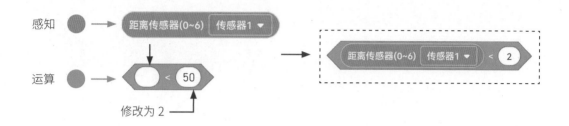

2.道闸关闭状态

道闸需不断监测是否有小车靠近，若没有监测到有小车靠近，道闸停止不动，即此时的电机是停止的。道闸不断监测是否有小车靠近需要用到如果……那么……否则模块，具体操作如下图所示。

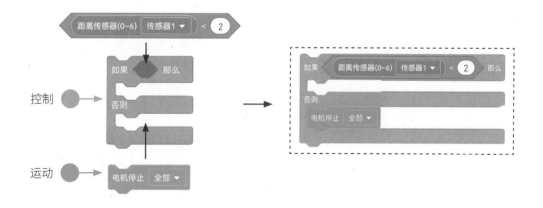

3. 快速升闸和缓慢落闸

当道闸监测到有小车靠近时，道闸需要快速升起，并停留一段时间，以便小车快速安全通过，然后缓慢落下闸门，从而完成一次让小车通过的过程。升闸和落闸利用了电机的转动，而且两者转动的方向刚好相反，具体操作如下图所示。

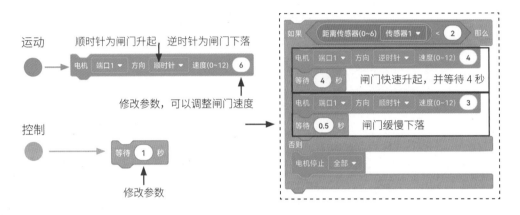

4. 重复监测是否有小车靠近

道闸不是只让一辆小车通过就可以了，它还需要不断地判断是否有小车靠近，并让每辆靠近的小车能够快速安全地通过闸门，具体操作如下图所示。

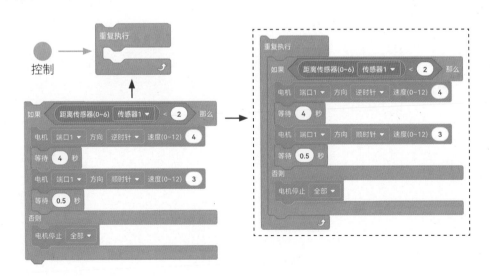

5. 完整程序

最后得到的完整程序如下图所示。

```
当 ▶ 被点击
重复执行
  如果  距离传感器(0~6) 传感器1 ▼  <  2  那么
    电机 端口1 ▼ 方向 逆时针 ▼ 速度(0~12) 4
    等待 4 秒
    电机 端口1 ▼ 方向 顺时针 ▼ 速度(0~12) 3
    等待 0.5 秒
  否则
    电机停止 全部 ▼
```

⚙实现效果

小朋友们，试一试当有小车靠近道闸时，道闸可否自动打开，并让小车快速通过。

⚙拓展思考

如果道闸升起和下落时，能有不同灯光和声音的提示，那道闸就更智能了。那该如何修改程序呢？如果不设置停留的时间，但又要确保小车能安全通过，又该如何修改程序呢？

💥创意比拼

请调试程序，与小朋友们比一比，谁能在限定时间内让安全通过道闸的车辆数最多。

　　请小朋友们盘点一下自己在本章中的学习收获，完成以下学习评价表。

学习收获	完成度
可以自己拼搭自动道闸	☆☆☆☆☆
可以实现道闸升起和下落	☆☆☆☆☆
可以让小车安全快速通过道闸	☆☆☆☆☆
其他收获：	
自我评价：	

第六章
智能篮球架

学习目标

❶ 搭建智能篮球架。

❷ 学会使用变量模块设置程序。

❸ 能利用变量模块编程，实现投篮自动计分。

情境导入

篮球运动深受众多小朋友的喜爱，因此许多游乐场和商场都会摆放着投篮机供小朋友玩。投篮机可以自动记录投篮的总得分数，可以让许多喜欢打篮球的小朋友一展身手，既有益健康又趣味无穷。

本章我们将搭建一个智能篮球架，通过设置程序，实现当篮球投入篮筐后，系统会自动统计并显示分数。

展示作品

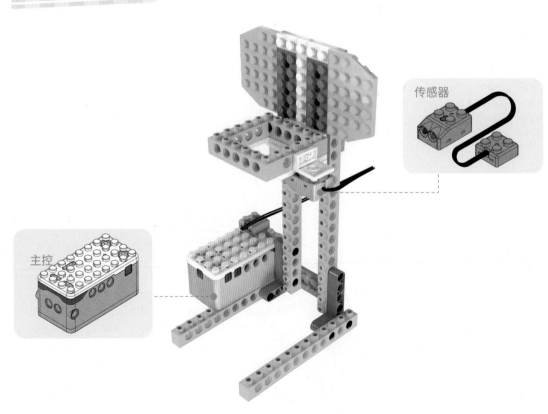

传感器

主控

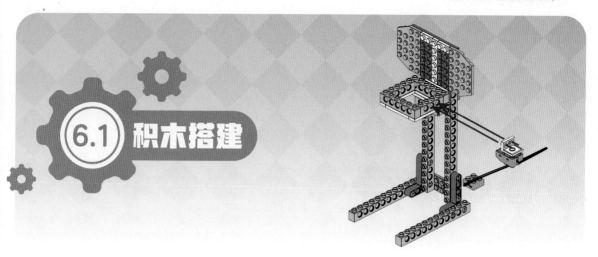

6.1 积木搭建

小朋友，跟着下面的拼搭步骤，把智能篮球架拼出来吧！

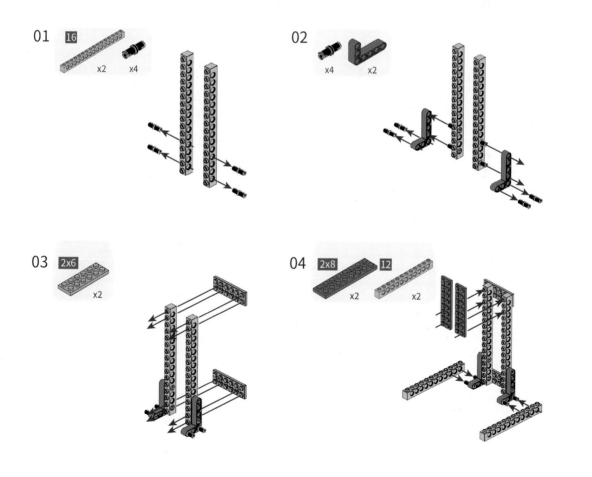

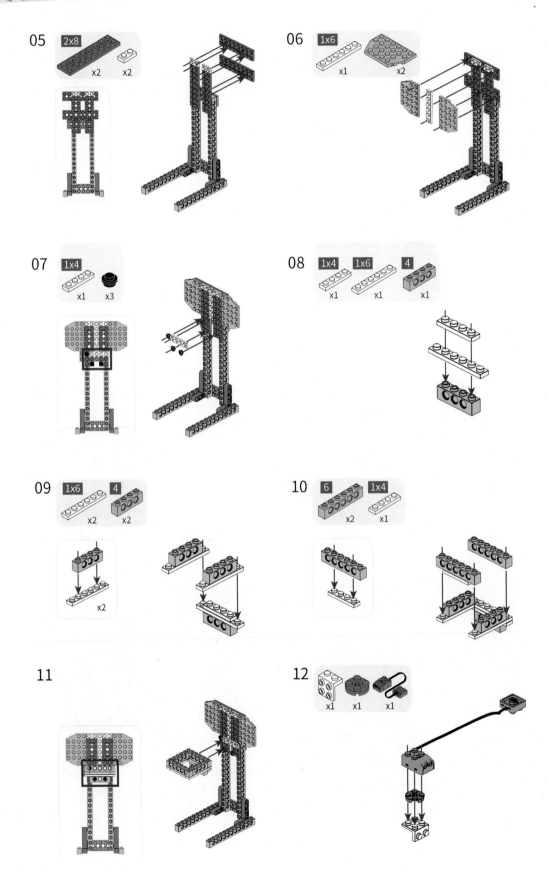

13

14

15

16

智能篮球架搭建完成之后，我们就要开始给它编程，赋予它更多功能，更好地完成各项任务了。

6.2 自动计分

让我们一起来编程，实现程序启动后，当篮球投入篮筐时，系统会自动统计并显示分数。

☼认识新模块

新模块名称	新模块图标	功能
新建变量	建立一个变量	用于新建一个变量

☼程序流程图

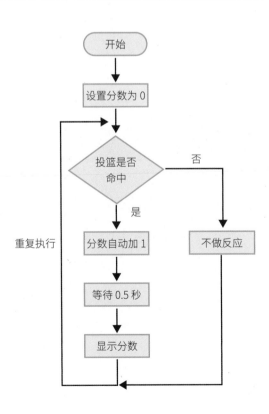

```
        开始
         │
    设置分数为0
         │
  ┌──────┤◄──────────────┐
  │      ▼               │
  │   投篮是否      否     │
  │    命中 ──────────────┐
  │      │               │
  │    是│               │
重复执行  ▼               ▼
  │  分数自动加1       不做反应
  │      │               │
  │   等待0.5秒           │
  │      │               │
  │    显示分数           │
  │      │               │
  └──────┴───────────────┘
```

✿编程步骤

1. 增加"分数"变量

　　篮球投篮计分需要有一个计分器，计分器显示的分数是投篮命中的次数，且会随着投篮命中次数的变化而变化。为方便使用，我们可以将这个计分器命名为"分数"，并以此为名添加生成相应的变量，具体操作如下图所示。

　　变量新建之后，会自动出现在变量模块中。

2. 设置开始分数和显示分数

　　建立"分数"变量之后，我们需要对"分数"变量进行计分前的设置，如设置初始分数为0，并利用显示文本模块显示分数，具体操作如下图所示。

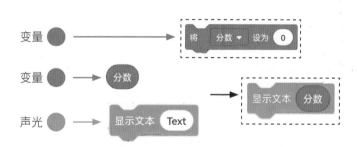

3. 监测篮球是否命中

如果篮球架监测到障碍物，则认为有篮球从框中落下，即投篮命中，分数将自动增加1分，并显示出总得分。如果篮球架没有监测到障碍物，则认为没有篮球从框中落下，即投篮不中，分数不变。具体操作如下图所示。

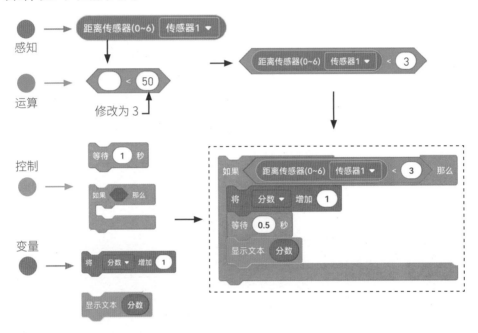

4. 智能计分

投篮会继续，计分也会不断增加，这就需要用到重复执行模块，具体操作如下图所示。

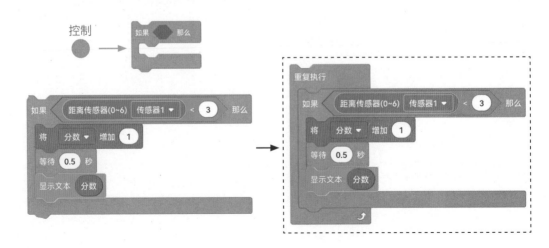

5. 完整程序

最后得到的完整程序如下图所示。

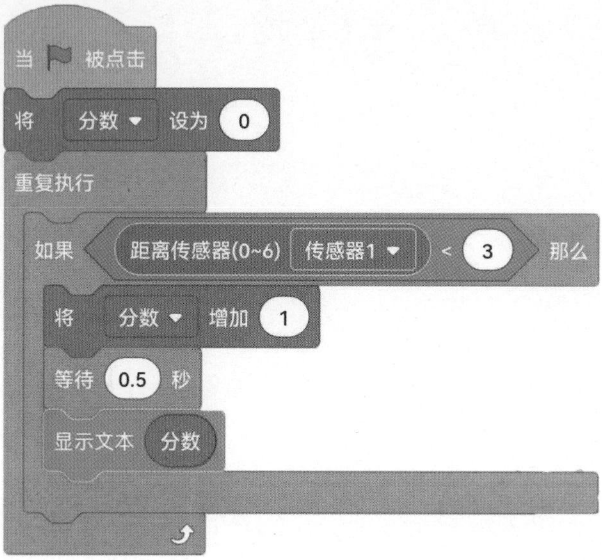

涨知识

变量如同放物体的器皿，会随着所放物体的不同而不同。

✿实现效果

试投一个小球（或小物体）到篮球架篮筐中，看看分数是否有变化。

✿拓展思考

（1）如果我们想为投篮增加时间限制，该怎么修改程序呢？

（2）如果我们希望在投进球时，能发出声音和灯光的提示，又该怎么修改程序呢？

（3）如果我们希望在分数达到 10 分后，就停止计分，并发出绿灯，又该怎么修改程序呢？

创意比拼

看谁在规定的时间内投进篮球次数最多，即谁的分数最高。

学习收获

请小朋友们盘点一下自己在本章中的学习收获，完成以下学习评价表。

学习收获	完成度
可以自己拼搭智能篮球架	☆☆☆☆☆
可以设置和使用变量模块	☆☆☆☆☆
可以利用变量模块编程实现投篮自动计分	☆☆☆☆☆
其他收获：	
自我评价：	

第七章
智能分拣机

学习目标

❶ 学会搭建智能分拣机。

❷ 学会利用红外距离传感器初步判断物体颜色深浅。

❸ 学会利用分拣机分拣不同深浅颜色的物体。

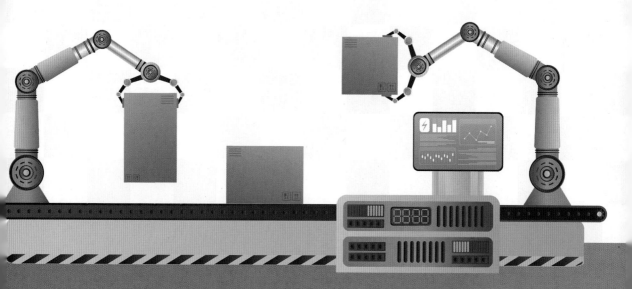

情境导入

现在人们在网上购物越来越多，快递量也越来越大，快递包裹的分拣工作量也越来越多，如何提高分拣的效率是人们探索解决的问题。现在，以智能分拣装备为核心的自动装备广泛应用，很大程度上提高了包裹分拣的效率，避免以往因快递过多所产生的"爆仓"问题。

本章我们将搭建一个智能分拣机，通过设置程序，使分拣机在监测到浅颜色的物体后将其分拣到左边的储物盒，在监测到深颜色的物体后将其分拣到右边的储物盒。

展示作品

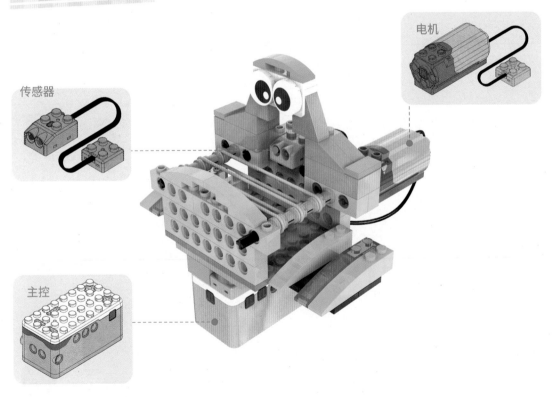

电机

传感器

主控

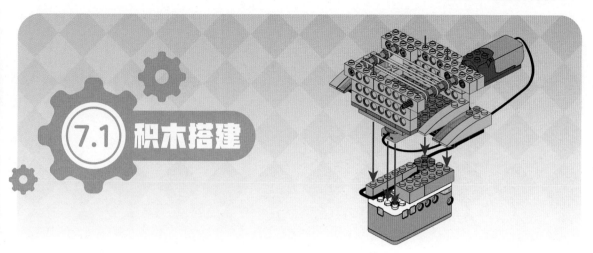

小朋友，跟着下面的拼搭步骤，把智能分拣机拼出来吧！

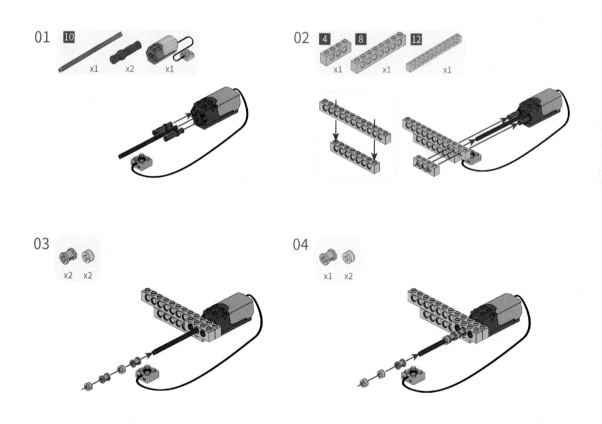

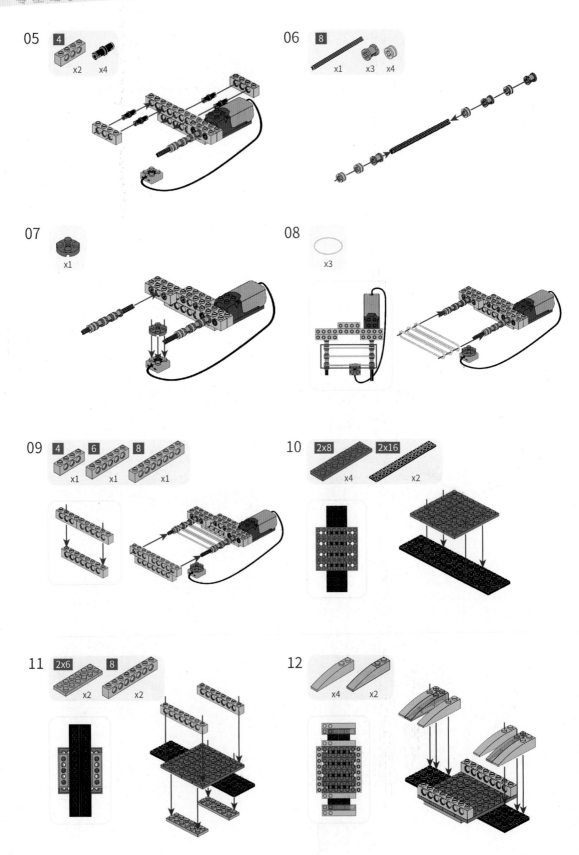

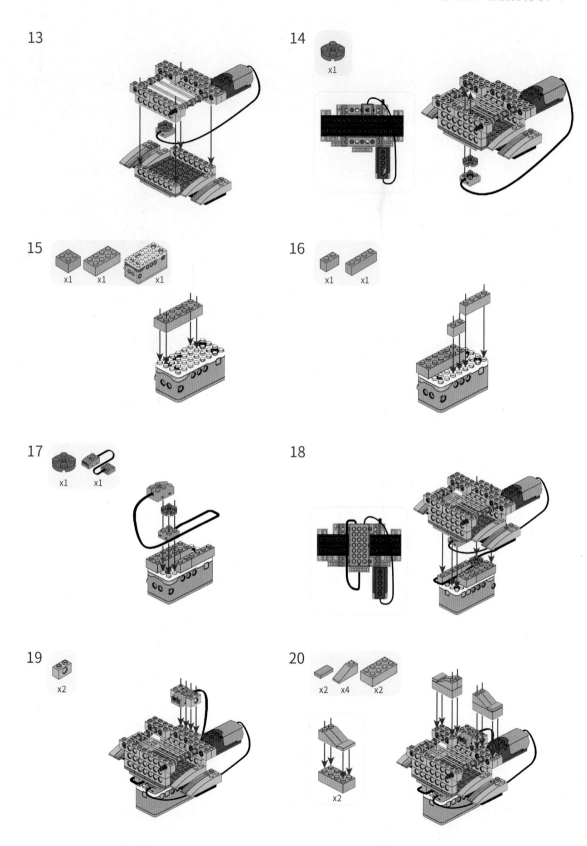

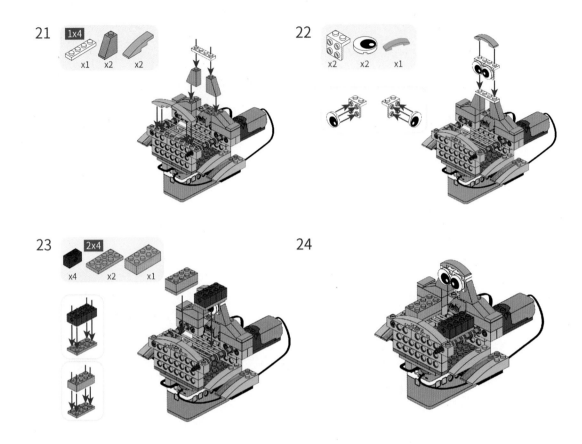

智能分拣机搭建完成之后，我们就要开始编程，赋予智能分拣机更多的功能，更好地完成分拣任务了。

让我们一起来编程，实现当程序启动后，智能分拣机能够根据颜色深浅对物体进行智能分拣，如将浅颜色的物体分到左边，将深颜色的物体分到右边。

程序流程图

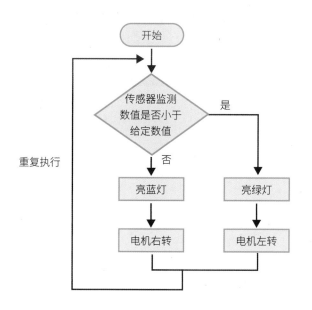

编程步骤

1. 识别物体颜色

识别物体颜色的方法有许多，其中一种就是利用红外距离传感器对物体颜色深浅进行识别。若物体为浅颜色，则红外距离传感器发出的红外光线照射到物体时，物体反射回的光线强度会较低；若物体为深颜色，物体反射回的光线强度会较强。因此，我们可以利用这种方法对物体颜色的深浅进行识别。具体操作如下图所示。

（1）设置红外距离传感器的识别判断。

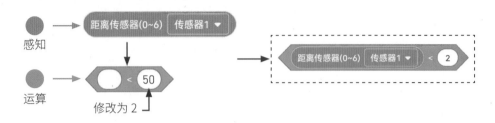

（2）根据判断结果选择执行的方向。

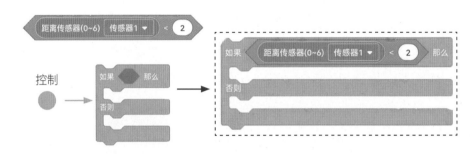

2.将浅颜色物体分到左边

当智能分拣机监测到的物体颜色为浅颜色时，绿灯亮起，同时启动电机，并将电机设置为逆时针转动（向左转）。这样就可以将浅颜色物体分到左边了。具体操作如下图所示。

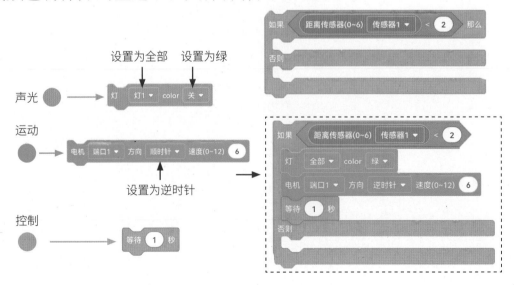

3. 将深颜色物体分到右边

当智能分拣机监测到的物体颜色为深颜色时，蓝灯亮起，同时启动电机，并将电机设置为顺时针转动（向右转）。这样就可以将深颜色物体分到右边了。具体操作如下图所示。

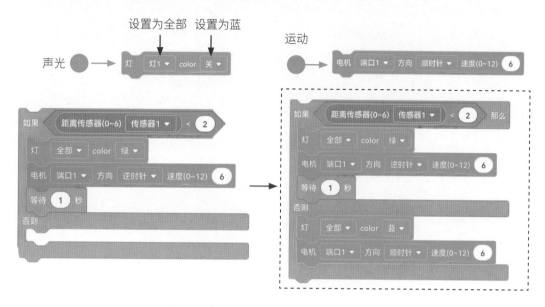

4. 重复执行

智能分拣机要不断对物体进行颜色识别和分拣，需要用到重复执行模块。具体操作如下图所示。

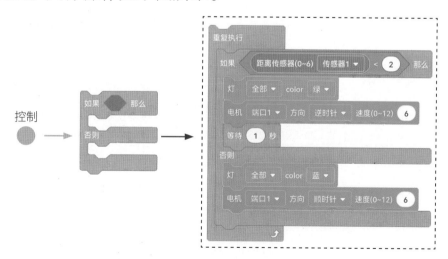

5. 完整程序

最后得到的完整程序如下图所示。

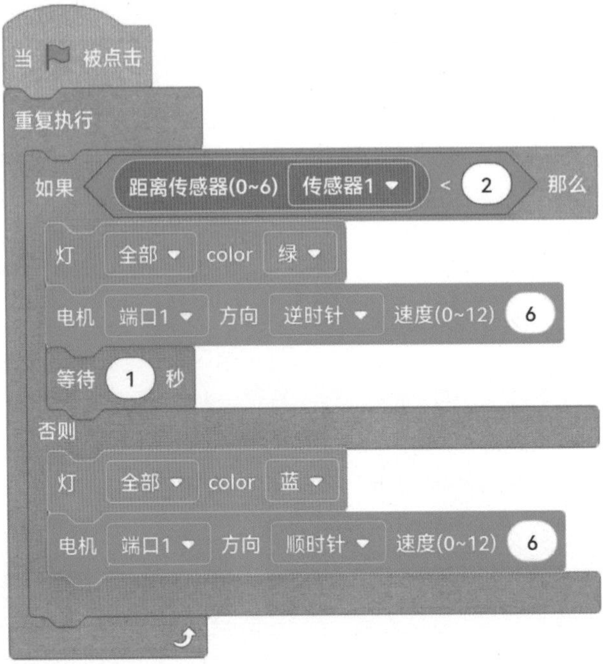

⚙实现效果

试一试智能分拣机能否根据颜色的深浅快速地将物体进行分拣吧！

⚙拓展思考

如果我们希望智能分拣机在听到我们的指令之后才开始启动，我们该如何修改程序呢？如果听到指令后进行倒数再开始呢？

创意比拼

设置一个时间，比一比谁能在规定的时间内将物体分得又快又准。

学习收获

请小朋友们盘点一下自己在本章中的学习收获，完成以下学习评价表。

学习收获	完成度
可以自己拼搭智能分拣机	☆☆☆☆☆
会利用红外距离传感器进行颜色深浅的区分	☆☆☆☆☆
会编程实现分拣机自动分拣不同深浅颜色的物体	☆☆☆☆☆
其他收获：	
自我评价：	

第八章
智能机器人

学习目标

1. 搭建智能机器人。
2. 学习差速转弯，并实现智能机器人自动转弯。
3. 利用麦克风实现机器人在听到声音就自动转弯。
4. 学会设置机器人巡线参数。
5. 实现智能机器人巡逻和巡线。

情境导入

生活中，我们能见到的机器人越来越多了。例如，在餐厅里我们可以看到一些机器人会自动将做好的菜送到指定的座位上，一些场所的大厅里会有机器人在自动扫地等。这些智能机器人正逐渐融入我们的生活，成为我们的好帮手。

本章我们将搭建一个智能机器人，并通过编程，让智能机器人实现多种功能。

展示作品

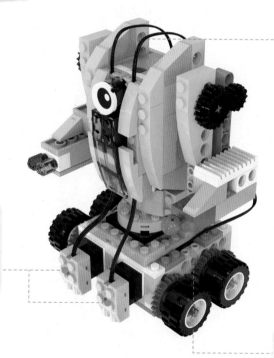

主控

两个传感器

内置两个电机

8.1 积木搭建

小朋友，跟着下面的拼搭步骤，把智能机器人拼出来吧！

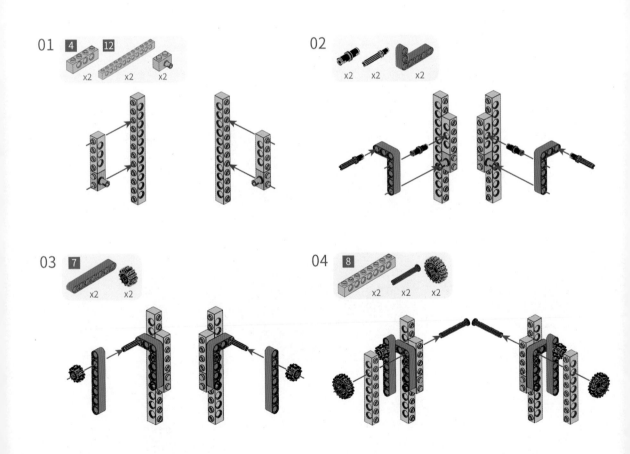

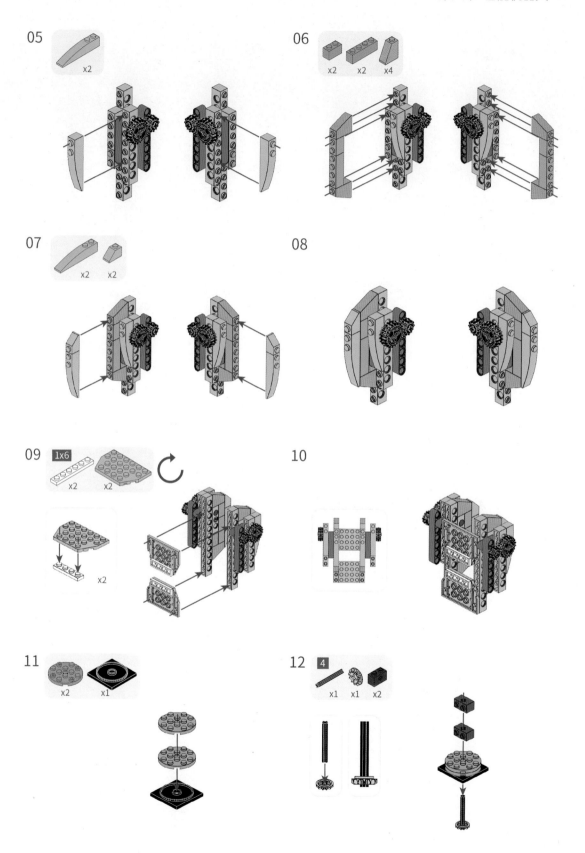

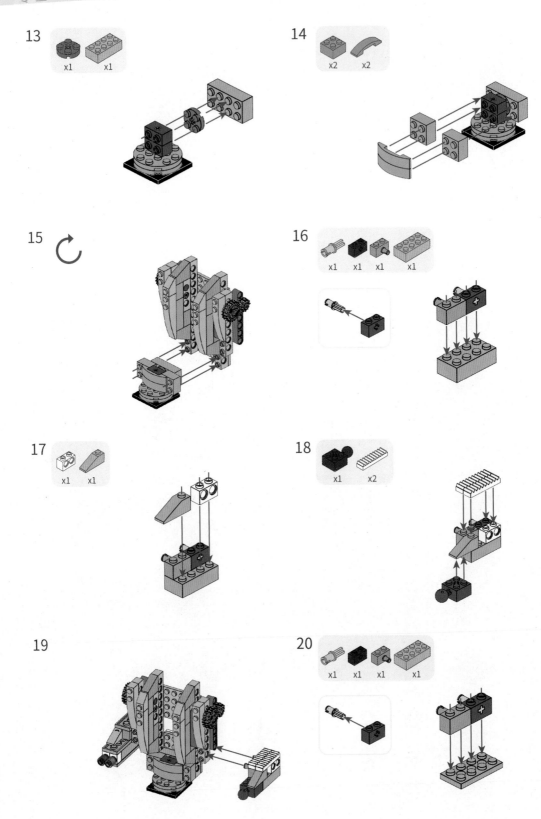

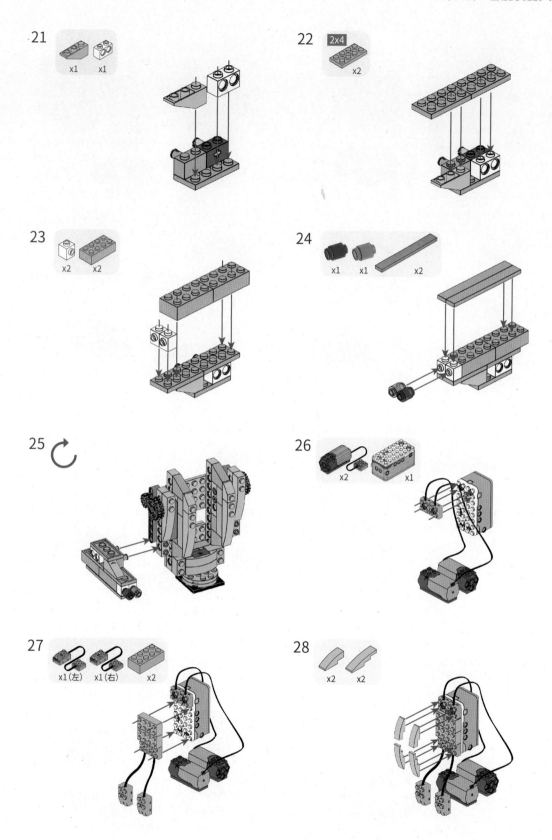

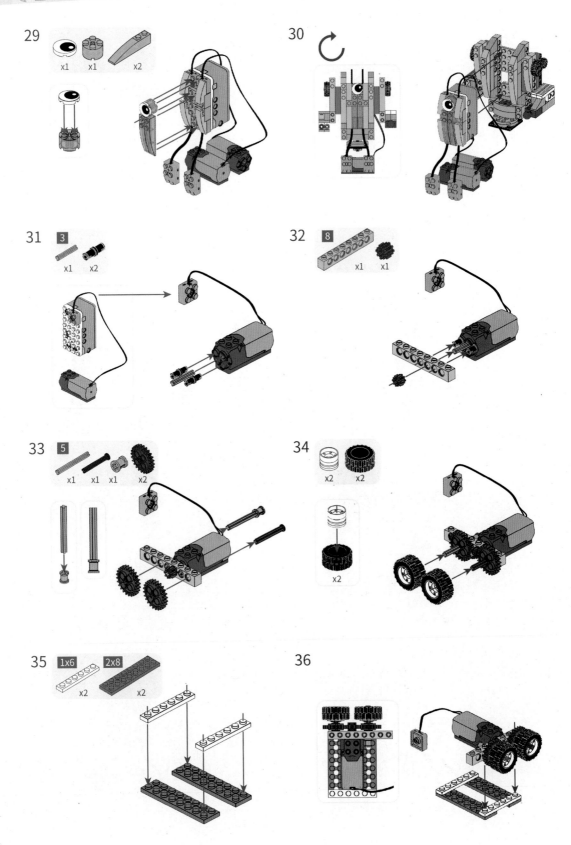

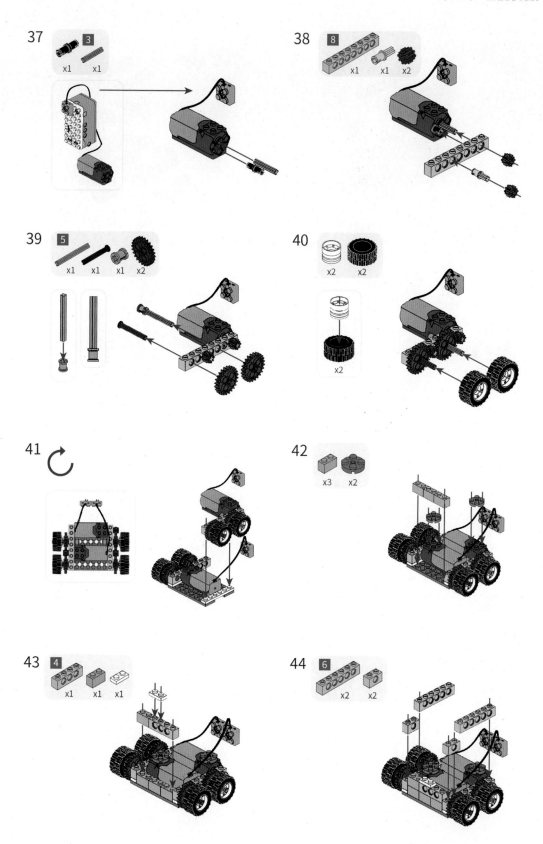

45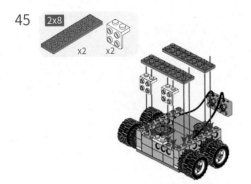

46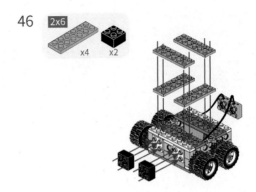

47

48

　　智能机器人搭建完成之后，我们就要开始给它编程，赋予它更多神奇的能力，完成各种复杂的任务了。

8.2 巡逻好帮手

让我们一起来编程，帮助智能机器人实现简单的巡逻功能：智能机器人先直行几秒后左转并直行，然后在听到声音后向右转并直行，再继续前行几秒后自动停下来。

⚙ 程序流程图

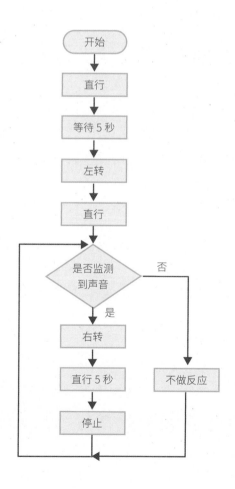

差速转弯指的是车辆通过控制左右两个驱动轮的转速实现转向，当驱动轮转速不同时，车身会旋转，并向速度小的一边转向。如果左驱动轮的速度大于右驱动轮，则车辆会向右转弯。

⚙ 编程步骤

1. 智能机器人直行

我们拼搭的智能机器人有两个电机，一个电机控制左边的两个轮（对应端口1，顺时针旋转对应前行），一个电机控制右边的两个轮（对应端口2，逆时针旋转对应前行）。当两个电机对应前行并以同样的速度转动时，智能机器人才会直线直行。直行的设置操作如下图所示。

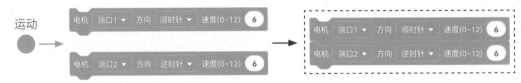

2. 智能机器人左转或右转

当控制左边两个轮的电机速度比控制右边两个轮的电机速度小时，智能机器人会左转。相反地，智能机器人就会右转。

（1）左转的设置如下图所示。

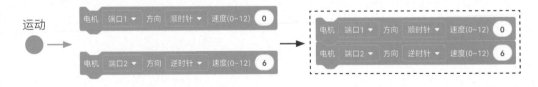

（2）右转的设置如下图所示。

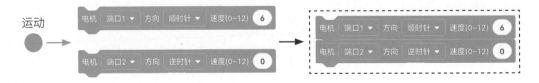

（3）智能机器人开始监测声音前的程序如下图所示。

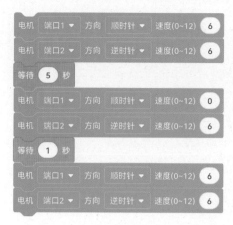

3. 智能机器人根据声音判断是否右转

当监测到有声音时，智能机器人需要右边，并在直行 5 秒后停止。这需要用到麦克风、比较大小和如果……那么……等模块。具体程序如右图所示。

4. 智能机器人持续监测声音

无论是处于直行还是停止状态，智能机器人都需要持续监测声音的大小，并在监测到声音后右转并直行。持续监测需用到重复执行模块，具体程序如右图所示。

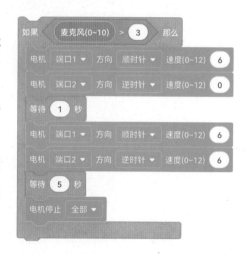

5. 完整程序

将上述各部分程序段拼接之后，得到的完整程序如下图所示。

✿实现效果

试一试智能机器人能否在直行的过程中不间断监测声音，并根据音量大小向右拐弯后直行等。

✿拓展思考

（1）如果我们还想设置更复杂的前进路线，让智能机器人按照设置的路线巡逻，该如何修改程序呢？

（2）我们除了可以利用声音实现智能机器人转弯外，还可以利用红外距离传感器实现智能机器人避障拐弯。不过这需要我们将红外距离传感器水平放置，并对准前方。该如何修改程序呢？

☀创意比拼

与小朋友们比一比，看看谁能按照预先设置好的路线前行，并最快到达终点。

8.3 巡线小能手

让我们一起来编程，实现智能机器人按照轨迹巡线前进吧。

⚙ 认识新模块

新模块名称	新模块图标	功能
巡迹模块	巡迹 左边 线内 ▼ 右边 线内 ▼	用于标记巡迹的状态

⚙ 程序流程图

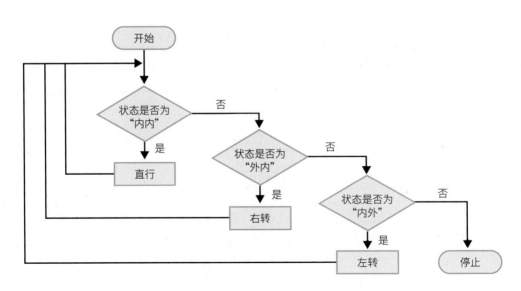

涨知识

要让机器人沿着我们预先在地面上画好的路线前行，就要给机器人装上特殊的"眼睛"，让它能识别地面上的路线。而智能机器人的"眼睛"就是红外距离传感器了。红外距离传感器可以根据反射回来的光线强弱判断出地面的颜色深浅。

⚙ **编程步骤**

1. 状态设置

在巡线过程中，两个红外距离传感器就像智能机器人的两只"眼睛"，不断监测地面颜色的深浅。左边的红外距离传感器不断监测左边地面的颜色深浅，右边的红外距离传感器不断监测右边地面的颜色深浅。若监测到的是深颜色，则标记为"内"（线内），即对应的红外距离传感器在线的内侧；若监测到的是浅颜色，则标记为"外"（线外），即对应的红外距离传感器在线的外侧。那么根据两个红外距离传感器监测到的颜色不同，智能机器人有"内内""内外""外内"和"外外"四种行走状态。例如，智能机器人是整体行走在轨迹线的内侧时，对应的行走状态为"内内"。四个状态对应的设置如下图所示。

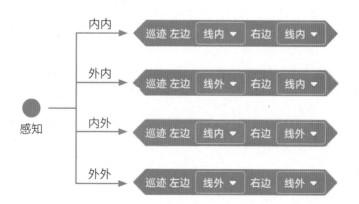

2. 监测行走状态，并根据状态调整前进方向

智能机器人要行走在线内，必须判断其行走状态，并根据行走状态调整前进的方向。首先判断智能机器人是否完全在线内，即判断其行走状态是否为"内内"。如果是，说明没有走偏，智能机器人直线前进（注意设置两个电机的方向和速度）。如果智能机器人不完全在线内，就要判断它是往哪个方向出现偏移。若往左偏移，即行走状态为"外内"，则智能机器人应该往右转动；若往右偏移，即行走状态为"内外"，则智能机器人应该往左转动。无论左转还是右转，目的是让智能机器人走回线内，不让其走出线外。具体设置如下图所示。

3. 持续监测行走状态和调整前进方向

　　智能机器人要按轨迹前行，必须时刻判断行走的状态，并不断调整前进方向。这需要用到重复执行模块，即不断执行判断智能机器人的状态，并调整其前进方向。具体设置如下图所示。

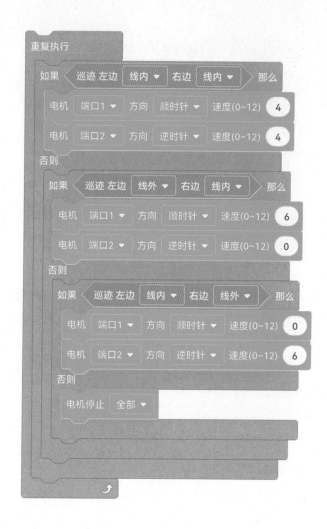

4. 完整程序

智能机器人巡线前进的完整程序如下图所示。

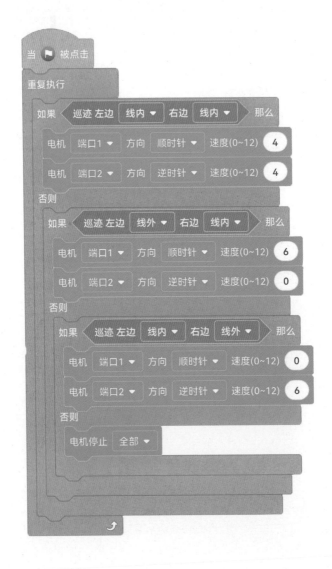

✿实现效果

在地面上画一条粗细恰当的黑色轨迹线，启动程序，试一试智能机器人能否正确地沿着轨迹线前行。

✿拓展思考

（1）轨迹线的初始设置跟什么有关呢？

（2）速度是否会影响智能机器人沿着轨迹线前行呢？若会，该怎么解决呢？

创意比拼

随意画一条比较粗的黑色轨迹线，然后跟小朋友们比一比，看谁的智能机器人能够准确地沿着轨迹线最快到达终点。

学习收获

　　请小朋友们盘点一下自己在本章中的学习收获，完成以下学习评价表。

学习收获	完成度
可以自己拼搭智能机器人	☆☆☆☆☆
可以实现智能机器人自动转弯	☆☆☆☆☆
可以让智能机器人在听到声音后自动转弯	☆☆☆☆☆
会设置机器人巡线的参数	☆☆☆☆☆
会结合运用红外距离传感器和电动机实现智能机器人巡逻和巡线前进	☆☆☆☆☆

其他收获：

自我评价：